RADIO-SCHNELL-TELEGRAPHIE

VON

DR. **EUGEN NESPER**

MIT 108 ABBILDUNGEN

SPRINGER-VERLAG BERLIN HEIDELBERG GMBH

COPYRIGHT BY SPRINGER-VERLAG BERLIN HEIDELBERG 1922
URSPRUNGLICH ERSCHIENEN BEI JULIUS SPRINGER IN BERLIN 1922
SOFTCOVER REPRINT OF THE HARDCOVER 1ST EDITION 1922

ISBN 978-3-642-51227-8   ISBN 978-3-642-51346-6 (eBook)
DOI 10.1007/978-3-642-51346-6

DAS LEBEN WOHNT IN JEDEM STERNE:
ER WANDELT MIT DEN ANDEREN GERNE
DIE SELBSTERWÄHLTE REINE BAHN;
IM INNERN ERDENBALL PULSIEREN
DIE KRÄFTE, DIE ZUR NACHT UNS FÜHREN
UND WIEDER ZU DEM TAG HERAN.

GOETHE.

Vorwort.

Die drahtlose Nachrichtenübermittlung, welche am 10. (14.) Mai 1922 auf eine 25jährige Entwicklungs- und Anwendungszeit zurückblicken konnte, steht heute vor der restlosen Lösung ihrer wichtigsten Aufgabe, einen betriebssicheren Schnellverkehr zu gewährleisten. Dieses hohe Ziel ist bekanntlich von der älteren Schwester der Radiotelegraphie, der Draht- und Kabeltelegraphie, bis heute noch nicht gelöst worden, und wenn es auch in technischen Dingen ein „unmöglich" nicht gibt, so erscheinen doch die Aussichten für die Kabeltelegraphie nicht als sehr günstig, was in den Bau- und Betriebsverhältnissen des Kabels begründet ist. Die Kabeltelegraphie leistet bisher höchstens ca. 35 Wörter pro Minute. Der Schnellverkehr auf drahtlosem Gebiete vermag bereits etwa 50 Wörter pro Minute zu bewältigen. Gelegentlich sind auch schon größere Wortleistungen erreicht worden. Es muß aber das Ziel sein, diese Wortleistung noch erheblich zu steigern, und zwar mindestens auf 150 Wörter pro Minute. Es muß ferner das Ziel sein, diese Leistung betriebssicher und möglichst während eines 24stündigen Dauerbetriebes zu erreichen, um insbesondere die Großstationen wirtschaftlich auszunutzen.

Die Schnelltelegraphie ist, falls nicht in der Draht- und Kabeltelegraphie besondere Entdeckungen und Erfindungen gemacht werden sollten, derjenige Punkt, in welchem die drahtlose Nachrichtenübermittlung derjenigen mit Draht oder Kabel ganz außerordentlich überlegen ist.

Besondere Bedeutung kommt naturgemäß dem Schnellverkehr für die großen kontinentalen und transozeanischen Stationen zu, also für diejenigen Anordnungen, welche große Senderenergie erheischen. Dieses Gebiet ist zunächst der maschinellen Hochfrequenzerzeugung aus technischen und wirtschaftlichen Gründen allein vorbehalten, obgleich mit Röhrenanordnungen die Aufgabe physikalisch mindestens ebenso gut zu lösen ist, aber im Betriebe bis jetzt nicht wirtschaftlich genug erscheint. Für den Bau derartiger Großstationen ist außer dem Hochfrequenzgenerator genügender Leistung — es kommen Einheiten von 500 kW inbetracht — noch eine Unsumme von technischen und organisatorischen Vorbedingungen für die Ausstrahlung und den Schnellempfang der Nachrichten nötig. Gesellschaften, welche diesen Bedingungen ganz oder teilweise entsprechen, gibt es in der alten und neuen Welt vier und zwar:

Gesellschaft für drahtlose Telegraphie m. b. H. System Telefunken (Deutschland), bzw. Drahtlose Übersee Verkehrs A.-G. „Transradio" (Berlin).

Radio Corporation (General Electric Co.) (Amerika).

Marconi Co. (England).

Société française radio-électrique (Frankreich).

Von diesen Gesellschaften hat sich bei der Radio Corporation J. Weinberger (1921) besonders mit der Schnellempfangsfixierung unter Benutzung eines speziell konstruierten Tintenschreibers beschäftigt. In ganz besonderem

Maße hat sich mit dem Gesamtproblem der drahtlosen Schnelltelegraphie, sowohl was Senden als auch was Empfang anbelangt, die Gesellschaft für drahtlose Telegraphie in Berlin, in nachstehendem kurz „Telefunken" genannt, befaßt. Unter Benutzung ihrer mustergültigen Großstationen und unter besonderer Berücksichtigung und Ausbildung der Betriebsorganisation, ist es Telefunken gelungen, maschinelle Hochfrequenzerzeugungsanlagen zu schaffen, deren Frequenzschwankungen so gering sind (unter 0,2 pro Mille), daß mit den zur Zeit hochwertigsten Empfangs- und Verstärkungsanordnungen gearbeitet werden kann. Unter Benutzung der Einrichtungen dieser Gesellschaft in Kombination mit einem der hervorragendsten Präzisionsapparate der modernen Technik, dem Siemens-Schnelldrucker (Typendrucker), wird es möglich sein, den wesentlichsten Teil des Nachrichtenverkehrs der Erde auf Schnellverkehr einzustellen, also das Bisherige vollständig zu revolutionieren. Durch die Erbauung derartiger Stationsanlagen wird nicht nur eine erhebliche Verbesserung des gesamten Verkehrs möglich sein, insbesondere eine ganz wesentlich raschere Abwicklung des Telegrammverkehrs, sondern dieses ist auch der einzige Weg, eine erhebliche Verbilligung durchzudrücken.

Heute ist bereits bei Versuchen ein drahtloser Schnelltelegraphierverkehr von 126 Wörtern pro Minute zwischen Nauen und Sayville erreicht worden.

Neben den industriellen Gesellschaften haben sich in die Entwicklung des Radioschnellverkehrs besonders F. Banneitz im Telegraphentechnischen Reichsamt Berlin und A. G. T. Cusins beim Royal Signal Corps in London bemüht, und es ist diesen auch gelungen, bereits sehr bemerkenswerte Resultate zu erzielen.

Das Endziel des Schnellverkehrs in physikalischer Beziehung ist die drahtlose Telephonie. In wirtschaftlicher und betriebstechnischer Hinsicht wird aber diese Telephonie niemals mit der Schnelltelegraphie konkurrieren können, wenngleich zuzugeben ist, daß der drahtlose Telephonempfang trotz Mangels jeder Vorkenntnisse von jedem Laien ohne weiteres auszuführen ist. Die drahtlose Telephonie wird dort ihr Anwendungsgebiet finden, wie schon heute in früher ungeahntem Maße, in den Oststaaten von Nordamerika, in Argentinien, Brasilien, Holland usw., wo es auf einen Zirkularverkehr ankommt, bei welchem von mehr oder weniger gutem Funktionieren nicht viel abhängt, und wo außerdem die Entfernungen zwischen Sende- und Empfangsstationen nur verhältnismäßig gering sind. Hingegen erscheint in verkehrstechnischer Hinsicht eine wirkliche Nachrichtenabwicklung mit drahtloser Telephonie als untunlich. Dieses wichtigste Feld wird unbedingt dem drahtlosen Schnellverkehr mit aufgezeichneten Telegrammen zufallen.

Es war ein mühevoller und langwieriger Weg, die drahtlose Telegraphie von einem gelegentlichen Signalübertragungsmittel zu einem wirklichen Verkehrsmittel zu machen. Dieser Weg wurde zuerst und nachdrücklichst in Deutschland von dem damaligen Direktor der Telefunkengesellschaft H. Bredow beschritten. In gleicher Weise ist zu hoffen, daß es dem jetzigen obersten Leiter des deutschen Radioverkehrs, Staatssekretär Dr. H. Bredow gelingen wird, dem Radio-Schnellverkehr zur allgemeinen Einführung zu verhelfen.

Ich bin der Verlagsbuchhandlung Julius Springer zu besonderem Danke verpflichtet für das weitgehende Entgegenkommen bei der Herstellung des Buches, bei welcher sie weder Mühen noch Kosten gescheut hat.

Berlin 1922.

Eugen Nesper.

Inhalt.

	Seite
Vorwort	III

I. Definition, Notwendigkeit, Voraussetzungen, Schwierigkeiten und Anforderungen an den Schnellverkehr — 1
    A. Definition des drahtlosen Schnellverkehrs — 1
    B. Notwendigkeit des Schnellverkehrs — 1
        a) Ausmerzung von falschen Telegraphierzeichen und Wörtern — 1
        b) Rentabilität der Stationen — 1
        c) Günstigste Verkehrszeit — 2
        d) Geheimhaltung — 2
        e) Verminderung des Aufstauens von Telegrammen — 2
        f) Vermehrung der Stationszahl — 3
        g) Sofortige Rückfrage zur Telegrammrichtigstellung — 3
    C. Technische Voraussetzungen und Schwierigkeiten des Schnellverkehrs — 3
        a) Betrieb des Senders mit kontinuierlichen Schwingungen — 3
        b) Tastung der Hochfrequenzenergie — 4
        c) Konstanthaltung der Senderwellenlänge und der Tourenzahl des Antriebsmotors bei der maschinellen Hochfrequenzerzeugung — 4
        d) Verwertung der besonders geringen Empfangsenergie. Befreiung von atmosphärischen Störungen — 4
        e) Antennenausführung — 5
        f) Personalfrage und Organisation — 5
    D. Anforderungen an den Schnellverkehr — 6
        a) Möglichst große Wortgeschwindigkeiten — 6
        b) Hochwertige Empfangsapparate — 6
        c) Direkte Niederschrift der aufgenommenen Signale — 6
        d) Geringste Kosten für die Niederschrift — 7
        e) Aufbau der Empfangs- und Niederschriftapparate — 7

II. Hochfrequenzquellen — 7
    A. Poulsen-Lichtbogengenerator — 7
        a) Frequenzschwankungen des Lichtbogengenerators — 7
        b) Negative Welle — 8
        c) Weichheit der Zeichen — 8
        d) Konstruktion großer Poulsen-Lichtbogengeneratoren — 8
    B. Telefunken-Röhrensender — 9
    C. Maschinelle Erzeugung hochfrequenter Schwingungen — 11
        a) Induktormaschine von Fessenden-Alexanderson — 11
        b) Vervielfachungstransformatoranordnung von Epstein, Joly, Vallauri — 14
            α) Allgemeine Betrachtungen — 14
            β) Transformatoranordnung von J. Epstein — 14
            γ) Transformatorschaltungen von Joly und Vallauri — 17
        c) Telefunken-Hochfrequenzmaschinenanordnung (Graf Arco) — 19

III. Tasten des Hochfrequenzgenerators — 21
    A. Allgemeine Gesichtspunkte — 21
    B. Tastschaltungen des Lichtbogensenders — 23
        a) Verstimmungstasten — 23
        b) Tasten mit Tastkreis — 23
        c) Tasten mit Drosselspulen — 24
        d) Tasten mit Dämpfungsvariation — 25

Seite

C. Tastung des Röhrensenders 25
D. Tastung bei maschineller Hochfrequenzerzeugung 25
  a) Tastung mit künstlicher Antenne (Ballastkreis) 25
  b) Vollast-Leerlaufstastanordnung mit Transformator von Telefunken . 26
  c) Tastdrosselschaltung von M. Osnos (Telefunken) 27
E. Tastrelais (Taster) 28
  a) Lichtbogensender 28
  b) Röhrensender 29
  c) Maschinelle Hochfrequenzerzeugung nach Telefunken 29
F. Indikation und Konstanthaltung der Tourenzahl des Antriebsmotors bei der
   maschinellen Hochfrequenzerzeugung 30
    a) Indikation der Tourenzahl der Hochfrequenzmaschine und Mittel zur
      entsprechenden Beeinflussung der Tourenzahl des Motors 30
    b) Phasensprungmethode von Riegger (Siemens & Halske, A.-G.) . . 30
    c) Automatische Touren-Korrektion von J. Zenneck 32

IV. Die Schnelltelegraphie-Sender 32
A. Der Wheatstonesender 32
B. Schnellgeber von P. O. Pedersen 34
C. Schnellgeber für Handbetrieb von P. Floch 36
D. Der Siemens-Schnelltelegraphensender 37
  a) Entwicklung des Siemens-Schnellsenders 37
  b) Schreibmaschinenlocher und Lochstreifen 37
  c) Der Siemens-Schnellsender 40
  d) Synchronisierungseinrichtung 41

V. Der Schnellempfänger 44
A. Voraussetzungen und Bedingungen der Schnellverkehrsempfänger. Allgemeine Gesichtspunkte und Anordnung 44
  a) Prinzipielle Anordnungen 44
  b) Genügende Empfangsenergie, Empfindlichkeit und Verstärkung . . . 49
  c) Sekundärkreis- und Tertiärkreisempfang. Aufschaukelzeit 49
  d) Ineinanderfließen der Zeichen 50
  e) Störbefreiung 50
    α) Die Störbefreiung eine Kombination mehrerer Anordnungen und
      Kunstgriffe 50
    β) Dekrement der Störschwingungen dasselbe oder nahezu dasselbe
      wie das des eigenen Senders 51
      1. Störbefreiung mittels mehrerer Resonanzsysteme (Aussiebe-
        systeme) 52
      2. Störbefreiung mittels Kristalldetektors (Störungsverhinderer) von
        L. W. Austin 52
      3. Störbefreiung von kleinen Störwellen mittels kapazitiver Emp-
        fängerkopplung, von langen Störwellen mittels induktiver
        Empfängerkopplung 52
      4. Zwischenfrequenzanordnung von Telefunken 53
      5. Einkapslung der Empfänger (Telefunken) 55
    γ) Störbefreiung von atmosphärischen Störungen und unbeabsich-
      tigten Störsenderschwingungen (Dämpfungsdekrement der Stör-
      schwingungen größer als das der Verkehrsschwingungen). 56
      1. Störbefreiung durch Beschränkung der Senderenergie 56
      2. Störbefreiung durch lose Kopplung und gering gedämpfte
        Empfänger (Gegengewicht) 56
      3. Verringerung der Störschwingungen durch gerichtete Sender . . 57
      4. Störbefreiung durch besondere Schaltungsanordnungen 57
        Schaltungen mit Empfängererdung im Indifferenzpunkt (X =
        Stopper) (G. Marconi) 57
        Nullpunktschaltung von R. A. Fessenden 59
        Störverhinderungsanordnungen von L. W. Austin, A. Weagant,
        A. H. Taylor, sowie Otter Cliffsystem 60
        Störbefreiungsschaltung gegen atmosphärische Störungen und
        gedämpfte Sender bei Benutzung ungedämpfter Verkehrs-
        schwingungen von O. Scheller (Lorenz A.G.) 60

Seite

Kombinierte Empfangsschaltung für Ausnutzung der Wellenfrequenz und Wellenzugfrequenz von A. Weagant 61
Störwirkungsverminderung durch zwei gegeneinander geschaltete Ventildetektoren 62
Störbefreiungsschaltung mit Röhrenzwischenkreis von Marconi
und Telefunken 63
5. Schutzschaltung gegen stark gedämpfte Störer mittels zweier
Antennen 64
6. Abschirmkäfig um die Empfangsantenne zur Ableitung der
elektrischen Antennenaufladungen. (Faradayscher Käfig, M.
Diekmann, Ch. Buck) 64
7. Störbefreiung durch Rahmenantenne mit Verstärkungseinrichtungen 66
8. Bellini-Tosi-Schleife 66
9. Gerichtete abgeblendete Empfangsantenne von Telefunken . . 67
10. Subjektive Störverminderung durch Anordnung eines Parallel-
widerstandes 67
B. Allgemeine Empfängeranordnung 68
C. Schreibapparate 71
a) Morseschreiber 71
α) Der Wheatstone-Empfänger 71
β) Schnellmorseschreiber von Siemens & Halske 72
b) Kurvenschreiber 73
α) Der Einfadengalvanometerschreiber-Lichtschreiber (Hoxieschreiber) 73
β) Siphon recorder (Kurvenschreiber) von Lodge-Muirhead 76
Siphon recorder-Röhrenverstärker-Schreiber von C. Swinton u. a. 78
γ) Tintenschreiber von E. Blakeney und C. S. Miller 78
δ) Der Johnsen-Rahbeck-Schreiber der Huthgesellschaft 82
c) Akustische Schreiber 84
α) Phonograph-Schnellschreiber von Telefunken 84
β) Telegraphonschnellschreiber von V. Poulsen 86
d) Typendrucker 88
α) Der Mehrfachtypendrucker von Baudot, Hughes, Steljes u. a. . . . 88
β) Siemens-Schnellschreiber (Siemens-Typendrucker) 90

VI. Gesichtspunkte für die Radioschnellverkehrsanlage 91
A. Gesamtanordnung 91
B. Polytopische (Weltzeit-) Uhr von R. Hirsch 98

VII. Literatur 100
I. Schnelltelegraphie im allgemeinen. Generelle Gesichtspunkte für Radio-
Schnellverkehr 100
II. Hochfrequenzsenderquellen 101
a) Röhrensender und Röhren 101
b) Lichtbogensender 105
c) Maschinelle Erzeugung von Hochfrequenzschwingungen 108
α) Hochfrequenzmaschinen 108
γ) Statische Hochfrequenztransformatoren 111
β) Magnetische Eigenschaften des Eisens bei Hochfrequenz 113
III. Schnellsenderanordnungen 113
IV. Schnellempfängeranordnungen. Störbefreiung atmosphärischer Störungen 113
V. Spezielle Empfangs- und Verstärkerfragen. Selektion etc. 116

Sachregister 118

Bezeichnungen.

Galvanisches Element, Akku-
mulator, Batterie.

Gleichstrommaschine.

Wechselstrommaschine.

Hochfrequenzmaschine, Hochfrequenzquelle.

Regulierbarer Schiebekontakt.

(Ohmscher-) Widerstand.

Eisen-Wasserstoffwiderstand.

Luftdrossel.

Eisendrossel.

Schalter.

Mehrpoliger Schalter.

Taster.

Transformator.

Lichtbogengenerator

Vakuumröhre (Kathodenröhre).

Unveränderliche Selbstinduktionsspule.

Veränderliche Selbstinduktionsspule, Schiebespule,
Variometer.

Kopplung.

Unveränderlicher Kondensator,
Blockkondensator.

Veränderlicher Kondensator,
Drehplattenkondensator.

Indikationsinstrument, Galvanometer, Amperemeter, Voltmeter.

Kristalldetektor.

Mikrophon.

Telephon.

Schreibapparat.

Relais.

Geerdete Antenne.

Schwach strahlende Antenne,
Schirmantenne.

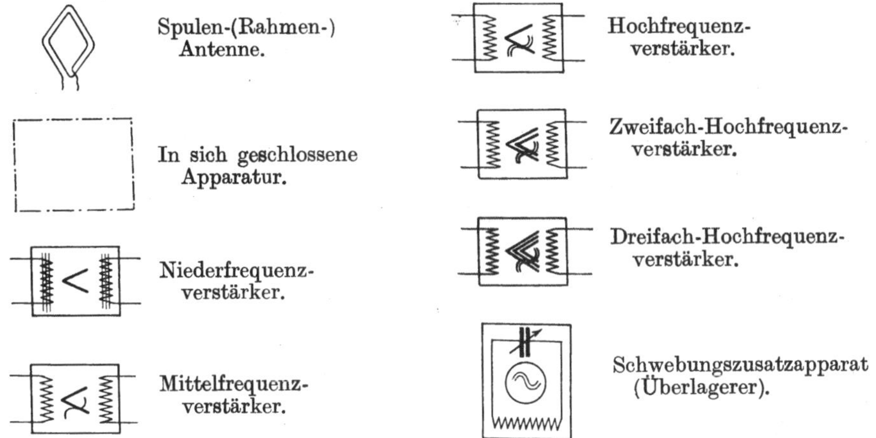

Umrechnungstabelle.

Um die Vielfachen oder Bruchteile des dekadischen Systems zu bilden, setzt man vor den Ausdruck (Volt, Ampere, Ohm usw.):

$$1 \text{ Dezi- (Volt, Ampere, Ohm usw.)} = 10^{-1}$$
$$1 \text{ Zenti- (,, \quad ,, \quad ,, \quad ,,)} = 10^{-2}$$
$$1 \text{ Milli- (,, \quad ,, \quad ,, \quad ,,)} = 10^{-3}$$
$$1 \text{ Mikro- (,, \quad ,, \quad ,, \quad ,,)} = 10^{-6}$$
$$1 \text{ Deka- (,, \quad ,, \quad ,, \quad ,,)} = 10,$$
$$1 \text{ Hekto- (,, \quad ,, \quad ,, \quad ,,)} = 10^{2},$$
$$1 \text{ Kilo- (,, \quad ,, \quad ,, \quad ,,)} = 10^{3},$$
$$1 \text{ Meg(a)- (,, \quad ,, \quad ,, \quad ,,)} = 10^{6}.$$

Beispiele:

$$1 \text{ Megohm} = 10^{-6} \text{ Ohm,}$$
$$1 \text{ Mikroampere} = 10^{-6} \text{ Ampere,}$$
$$1 \text{ Milliampere} = 10^{-3} \text{ Ampere,}$$
$$1 \text{ Millivolt} = 10^{-3} \text{ Volt.}$$

I. Definition, Notwendigkeit, Voraussetzungen, Schwierigkeiten und Anforderungen an den Schnellverkehr.

A. Definition des drahtlosen Schnellverkehrs.

Unter Schnellverkehr ist das Senden und Empfangen von mehr als 30 Wörtern pro Minute zu verstehen, da dieses die oberste Grenze für einen geübten Hörempfänger darstellt.

Die technischen Mittel, welche heute für die Schnelltelegraphie zur Verfügung stehen, erlauben ohne weiteres eine Telegraphiergeschwindigkeit von 100 Wörtern pro Minute (das Wort zu 5 Buchstaben gerechnet) und mehr. Durch fehlerhaftes Telegraphieren, atmosphärische Störungen usw. wird allerdings bis jetzt diese Telegraphierleistung nicht immer und im vollen Umfange aufrechterhalten werden können, sondern man kann im Mittel nur mit kleineren Wortleistungen rechnen, da bei einer Steigerung der Wortzahl auch automatisch eine und sogar im allgemeinen erheblich größere Steigerung der Telegraphierfehler bewirkt wird.

B. Notwendigkeit des Schnellverkehrs.

Ein Schnellverkehr ist gerade in der drahtlosen Nachrichtenübermittlung aus folgenden Gründen notwendig:

a) Ausmerzung von falschen Telegraphierzeichen und Wörtern.

Zunächst kommt die Reinigung der Telegramme von falschen Buchstaben und Wörtern durch Schnellverkehr inbetracht, da es bei Anwendung des Schnellverkehrs ohne weiteres möglich ist, Telegramme mehrere Male hintereinander zu senden, sofern der unter g) beschriebene Rückfragedienst richtig arbeitet. Durch Vergleich der einzelnen Telegrammstreifen (Einfadengalvanometerschnellschreiber, insbesondere aber der direkt druckende Siemensschnellschreiber usw.) bzw. der Grammophonplatten (Lautverstärker-Grammophonschreiber) ist es sehr einfach, den richtigen Wortlaut sofort festzustellen bzw. bei zwei- oder dreimaligem Geben zu konstatieren, daß das Telegramm richtig durchgekommen ist.

b) Rentabilität der Stationen.

Die für den kontinentalen und transozeanischen Verkehr inbetracht kommenden Stationen mit ihren großen Gebäude- und Mastenkomplexen,

Maschinen, Antennen und Hochfrequenzanlagen stellen hoch in die Millionen gehende Posten dar, welche verzinst und amortisiert werden müssen. Infolgedessen können sich derartige Stationen nicht darauf beschränken, nur eine bestimmt vielleicht nicht allzu hohe Anzahl von Telegrammen zu verarbeiten, sondern es muß, um die Telegrammkosten in erschwinglichen Grenzen zu halten und dennoch einen angemessenen Nutzen zu erzielen, darauf hingearbeitet werden, mit diesen Anlagen ein Maximum an Telegrammen zu befördern, wie es der gewöhnliche Handbetrieb beim Sender und der Hörbetrieb beim Empfänger allein niemals zulassen.

c) Günstigste Verkehrszeit.

Insbesondere infolge atmosphärischer Störungen, welche hauptsächlich bei Telegraphie auf größere Entfernungen von größter Wichtigkeit sind, beschränkt sich die günstigste Verkehrszeit auf gewisse Tages- und Nachtstunden. Häufig gelingt es nur während dieser Zeiten, die Telegramme unverstümmelt hindurchzubringen. In diesen Stunden drängt sich infolgedessen der ganze Telegrammverkehr zusammen, so daß der Zeitraum für das einzelne Telegramm nur beschränkt sein kann, das Telegramm also durchgejagt werden muß.

d) Geheimhaltung.

Der drahtlose Zirkularverkehr, welcher sich heute teilweise in Form eines Rundfunkdienstes, Börsendienstes oder dgl. in einigen Ländern in Tätigkeit befindet, ist an manchen Stellen sogar als drahtloser Telephonverkehr vorgesehen. Für belanglose und beliebige Nachrichten wird hiergegen kaum etwas einzuwenden sein, wenngleich das Besprechen des Sendemikrophons mit Rücksicht auf die im Sprechverkehr besonderen Schwierigkeiten nur verhältnimäßig äußerst langsam wird erfolgen dürfen. Hingegen ist für alle wichtigeren, teurer zu bezahlenden und geheimeren Nachrichten ein derartiger Verkehr unbrauchbar. Alsdann muß eine besondere Störungsfreiheit und Geheimhaltung unbedingt verlangt werden. Unter Berücksichtigung der heute hochentwickelten Verstärkungseinrichtungen beim Empfang kommt aber eine Geheimhaltung durch Wellendifferenzen oder ähnliche elektrische Methoden nicht inbetracht, da mit modernen hochwertigen Mitteln ein Absuchen der Wellenlänge in wenigen Sekunden möglich ist. Auch andere Geheimhaltungsvorrichtungen und Schaltungen wie mechanische Sende- und Empfangsanordnungen, Verstimmungsmechanismen, Benutzung der neutralen Linie usw. sind ungeeignet, da sie entweder zu kompliziert und zu teuer oder zu betriebsunsicher sind.

Eine wirkliche Geheimhaltung bis zu einem gewissen Grade ist aber nun durch einen Schnelldrucker zu erzielen, wie er von Siemens & Halske A.-G. hergestellt wird, und bei welchem eine vollkommene Synchronität zwischen Geber und Empfänger unbedingt notwendig ist. Jeder andere diesen Apparat nicht besitzende Empfänger wird höchstens zufällig einmal und auch dann nur einige Zeichen aufnehmen können, hingegen nicht in der Lage sein, das volle Telegramm zu empfangen.

e) Verminderung des Aufstauens von Telegrammen.

Ein Schnellverkehr ist bei Großstationen auch aus dem Grunde unbedingt erforderlich, um ein Aufstauen der Telegramme an der Annahme- und Abfertigungsstelle zu verhindern. Dieses erscheint um so wichtiger, als nament-

lich beim Überseeverkehr die Wort- und Telegrammzahl in einem außerordentlich steigenden Maße zunimmt (z. B. bei „Transradio" im März 1922 50 000
Telegramme gegen etwa 17 000 Telegramme im März 1921).

f) Vermehrung der Stationszahl.

Die Zahl der drahtlosen Stationen, insbesondere in der Nähe der
Weltstädte und Verkehrzentren, hat nicht nur in der letzten Zeit eine außerordentliche Vermehrung erfahren, sondern wird namentlich in der Zukunft
noch weiterhin erheblich zunehmen. Die Folge davon muß sein, daß, abgesehen
von einer genauen Einteilung der Betriebswellenlängen usw., auch eine Reservierung der Telegrammverkehrssendezeiten für die einzelnen Stationen vorgesehen werden muß, um so mehr, als es bis jetzt noch nicht betriebssicher gelungen ist, einen gerichteten Verkehr für diese Stationen durchzuführen. Auch
durch diesen Umstand wird, namentlich beim interkontinentalen Verkehr, eine
Häufung der Telegramme auf bestimmte Betriebsstunden stattfinden, so
daß die Abwicklung nur mittels Schnellverkehr-Schnellsendereinrichtungen
möglich sein wird.

g) Sofortige Rückfrage zur Telegrammrichtigstellung.

Schließlich kommt noch als Gesamtforderung der unter a—f genannten
Gesichtspunkte inbetracht, daß bereits während des Hindurchgebens des
Telegramms auf der Empfangsstelle sofort an zweifelhaft erscheinenden Stellen
vom Annahmebeamten rückgefragt werden kann, um sofort den Text
richtig zu stellen, wenigstens wenn die Duplex-Stationsanlageart, wie sie z. B.
bei „Transradio" üblich ist, zugrunde liegt, bei welchem also auf 2 Stationen
die beiden Sender gleichzeitig senden und die beiden Empfänger gleichzeitig
empfangen und von den Empfängern aus die Sender getastet werden. Hier
wird unter Benutzung des Siemensschen Schnell-Typendruckers direkt
der Wortlaut des Telegramms auf der Empfangsstelle gedruckt. Irrtümer,
welche durch Fehler beim Telegraphieren oder durch atmosphärische Störungen
hervorgerufen werden können, sind infolgedessen ohne weiteres festzustellen.
Die Erfüllung dieser Forderung wird um so wichtiger, wenn auf der Empfangsstelle gleichzeitig noch mehr Empfänger in Tätigkeit sind, was z. B. von
Transradio in Teltow bei Berlin vorgesehen ist.

Für einen wirklich den Bedürfnissen entsprechenden drahtlosen Nachrichtendienst kommt somit nur die Schnelltelegraphie inbetracht, da es allein
mit ihr möglich ist, eine augenblicklich nicht zu überbietende Geheimhaltung
und einen zu fordernden sicheren Verkehr hiermit zu erreichen.

C. Technische Voraussetzungen und Schwierigkeiten des Schnellverkehrs.

a) Betrieb des Senders mit kontinuierlichen Schwingungen.

Die grundlegende erste Voraussetzung für Schnellverkehr ist der Betrieb
des Senders mit kontinuierlichen oder wenigstens nahezu kontinuierlichen
Schwingungen, da sonst, beispielsweise bei kurz gegebenen Morsepunkten,
welche in der Größenordnung von ca. $\frac{1}{100}$ Sekunden liegen können, evtl. keine
Energie von der Sendeantenne ausgestrahlt werden würde, der Punkt also
ausfallen könnte.

b) Tastung der Hochfrequenzenergie.

Im übrigen muß das Sendesystem auch so beschaffen sein, bzw. muß eine derartige Tastung zulassen, daß die maximalen Spannungsamplituden nicht allzu hoch sind, da sonst zu große Funken an den Unterbrechungskontakten auftreten würden.

Die zweite große Schwierigkeit für den Schnellverkehr beruht darin, daß innerhalb sehr kurzer Zeiträume der Hochfrequenzstrom im Rhythmus der Morsezeichen unterbrochen, also getastet werden muß. Hierzu sind große Kontaktflächen erforderlich, denn kleine Kontakte würden in sehr kurzer Zeit zerstört werden. Die Verwendung großer Kontakte bedingt jedoch entsprechend große Massen, und die Bewegung derselben steht der zu verlangenden Geschwindigkeit diametral gegenüber. Große mechanische Massen können naturgemäß nicht rasch bewegt werden. Soweit man beim mechanischen Prinzip des Schnellgebens geblieben ist, hat sich die Benutzung von Preßluftanordnungen bewährt.

Es ist aber zu bemerken, daß die Tastfrage mindestens beim Röhren- und Maschinensystem auch für sehr große Wortgeschwindigkeiten heute keine prinzipielle Schwierigkeit mehr macht, sondern vielmehr als gelöst zu betrachten ist.

c) Konstanthaltung der Senderwellenlänge und der Tourenzahl des Antriebsmotors bei der maschinellen Hochfrequenzerzeugung.

Die dritte Schwierigkeit besteht in der notwendigen Konstanthaltung der Wellenlänge des Senders, da sonst die Empfangsenergie im modernen Empfänger nahezu auf Null herunter gehen kann, der Empfang also aussetzt. Tatsächlich liegen die Verhältnisse so, daß im Maximum die Frequenzschwankungen 0,2 pro Mille betragen dürfen. Sind diese größer als etwa einige Hundertstel eines pro Mille, so geht die Amplitude im Empfänger auf einige Zehntel herab (Graf Arco 1922). Die Konstanthaltung der Senderwelle, wie sie verlangt werden muß, macht aber bei allen drei für kontinuierliche Senderschwingungen zur Zeit inbetracht kommenden Einrichtungen, wie Röhrensender, Lichtbogensender und maschinelle Hochfrequenzerzeugung erhebliche Schwierigkeiten. Am einfachsten und besten ist sie gelöst beim Röhrensender, welcher allerdings in der heutigen Form für sehr große Energien noch nicht in Frage kommt. Beim Lichtbogensender ist eine ausreichende Wellenkonstanz nur unter Benutzung besonderer Hilfsmittel und auch dann nicht immer und unter allen Umständen und höchstens für sehr große Wellenlängen möglich. Bei der maschinellen Erzeugung hochfrequenter Schwingungsenergie ist die Wellenkonstanz bei der Anordnung mit ruhenden Transformatoren im wesentlichen durch Telefunken gelöst, obwohl gerade hier besondere Schwierigkeiten dadurch zu überwinden waren, daß die Tourenzahl des Antriebsmotors auch bei Leerlauf und Vollast also beim Tasten und auch bei Netzspannungsschwankungen konstant gehalten werden muß. Durch die sog. „Phasensprungmethode" ist praktisch eine Konstanthaltung der Tourenzahl und damit der ausgestrahlten Hochfrequenzwelle erreicht, selbst wenn die Umdrehungszahl des Motors $^1/_2\,^0/_{00}$ schwankt.

d) Verwertung der besonders geringen Empfangsenergie. Befreiung von atmosphärischen Störungen.

Es bleibt aber noch zu berücksichtigen, daß die Frequenzschwankungen nicht nur in der Hochfrequenzquelle (Röhre, Lichtbogen) ihren Ursprung haben, sondern auch in außerhalb des Generators liegenden Ursachen begründet sind. Insbesondere kommen die variablen elektrischen Verhältnisse jedes Antennengebildes inbetracht durch Luftfeuchtigkeit, Wind, Rauhreif usw. sowie Isolationsschwankungen der Zuführungen und Isolatoren (s. auch unter e).

Die vierte Schwierigkeit, welche noch bis vor kurzer Zeit bestanden hat, und die in der besonders geringen Empfangsenergie beim Schnellsender liegt, wodurch die Konstruktion besonders hochempfindlicher Registrierapparate notwendig war, die aber im Betrieb naturgemäß viele Mängel aufwiesen, ist durch die nunmehr vorhandene Möglichkeit, die Empfangsenergie durch Verstärkungseinrichtungen nahezu beliebig verstärken zu können, behoben. Hierauf war und ist auch noch fernerhin die Befreiung von atmosphärischen Störungen und feindlichen Sendern im Auge zu behalten, welche besondere Einrichtungen für den Empfänger verlangen (Spulenantenne).

e) Antennenausführung.

Infolge der für den Schnellsender von der Hochfrequenzsenderweite unbedingt zu leistenden absoluten Wellenkonstanz muß auch auf Gesichtspunkte geachtet werden, welche sonst als belanglos oder mindestens als weniger wichtig erscheinen. Hierzu gehört z. B. auch, daß die Antenne vollkommen stabil befestigt werden muß, so daß sie auch bei Wind und sonstigen atmosphärischen Beanspruchungen keine mechanischen Schwingungen ausführt, da hierdurch Kapazitätsänderungen und somit Frequenzschwankungen des Senders (Röhre, Lichtbogen) bewirkt werden würden.

f) Personalfrage und Organisation.

Ebenso wichtig wie die konstruktive und betriebstechnische Durchbildung der Apparaturen ist die Aufrechterhaltung ihrer beständigen Betriebsbereitschaft und die richtige Personalorganisation zur Durchführung des Verkehrs.

Wie wichtig, um nicht zu sagen fast ausschlaggebend, die Personalorganisation bei der Schnelltelegraphie ist, geht aus folgender Überlegung hervor: Wenn bei einem Telegraphiertempo von etwa 100 Wörtern pro Minute der das Telegramm aufnehmende Beamte bei einer vorkommenden Verstümmelung nicht sofort beim Sender rückfragt, wie das Wort richtig heißen soll, sondern erst das Telegramm vollständig durchgegeben wird, womöglich noch ein zweites oder drittes Telegramm folgt und darauf erst die Rückfrage herausgeht, so muß der Senderbeamte den betreffenden Senderlochstreifen heraussuchen und kann dann erst die betreffende Textstelle hindurchgeben. Es entsteht hierdurch ein außerordentlicher Zeitverlust. Da nun Verstümmelungen praktisch ganz unvermeidlich sind, kann bei nicht richtiger Organisation und unglücklicher Lösung der Personalfrage ohne weiteres der Fall eintreten, daß der Schnellverkehr dieselbe Zeit zu seiner Abwicklung braucht oder im ungünstigsten Fall vielleicht noch länger dauert als der gewöhnliche Telegraphierverkehr. Aber auch aus dieser Überlegung geht wiederum die Notwendigkeit hervor, den Empfangsbeamten am Schreiber nicht Rätsel raten zu lassen, sondern ihm vielmehr einen fertig gedruckten Streifen in die Hand zu geben, wie dies bis heute nur beim Siemens-Typendrucker der Fall ist.

Abgesehen von diesen Maßnahmen muß weiterhin verlangt werden, daß für die Bedienung des Schnellempfängers besonders sorgfältig ausgewähltes Personal vorgesehen wird, und daß dieses sich wohl zeitlich ablösen muß, daß es aber nicht ausgewechselt werden darf, da bei der Empfindlichkeit und Einstellung der Apparate hierdurch Verzögerungen und evtl. Versager entstehen könnten.

D. Anforderungen an den Schnellverkehr.

Die prinzipiellen Anforderungen, welche an den Radioschnellverkehr zu stellen sind, sind folgende:

a) Möglichst große Wortgeschwindigkeiten.

Im kontinentalen Verkehr mindestens zur Zeit 100 Wörter pro Minute (500 Buchstaben), im transozeanischen Verkehr (große Entfernungen) mindestens 75 Wörter pro Minute[1]). Um dieses betriebssicher erreichen zu können, müssen sich alle Apparate und Einrichtungen der Sender und Empfangsseite sowie der Verkehrsleitung im ausgezeichneten Zustand befinden. Größere Wortgeschwindigkeiten als die angebenen sind anzustreben. Nur durch große Wortgeschwindigkeiten ist ein rationeller Stationsbetrieb und eine Verzinsung und Amortisation der Stationskapitalien gewährleistet.

b) Hochwertige Empfangsapparate,

um die aufgenommenen Zeichen aus denen fremder Stationen und vor allem atmosphärischer Störungen, dem schlimmsten Feind der drahtlosen Telegraphie, vor allem der Schnelltelegraphie, leicht und sicher herausschälen zu können.

c) Direkte Niederschrift der aufgenommenen Signale.

Für große Wortgeschwindigkeiten scheidet der Hörempfang vollkommen aus; aber nicht jeder Schreibapparat ist gut. Der Siphon recorder hat gegenüber dem Schnellmorse gewisse Vorteile, und bei gut eingearbeitetem Personal, was für den Schnellverkehr überhaupt grundsätzliche Bedingung ist, kann Ablesung und Aufschreiben mit der Schreibmaschine durch den Bedienungsbeamten ohne weiteres erfolgen. Aber ideal ist nur der direkte Druckschrift liefernde Typendrucker, da hierbei der weitere Vorteil vorhanden ist, sofortige Rückfragen zu ermöglichen und das evtl. verstümmelte Telegramm richtig zu stellen.

Demgegenüber besitzt die Niederschrift mit Siphon recorder und Weitergabe an den Empfänger einer Schreibmaschinenniederschrift allerdings den Vorteil, daß der Kurvenschreiberstreifen beim Archiv verbleibt und bei evtl. Reklamationen direkt zur Verfügung steht. Tatsächlich sind aber derartige Fälle nicht allzu häufig, und man könnte sich bei besonders wichtigen Mitteilungen beim Typendrucker gegen Verstümmelungen von vornherein dadurch schützen, daß man den betreffenden Passus doppelt gibt. Übrigens ist auch beim Siemens-Typendrucker ein Verfahren ausgebildet worden, um die Druckstreifen in Kopie zurückzubehalten, indem eine Lochung automatisch mitgehen kann.

Jedenfalls hat der Typendrucker außer seinen sonstigen außerordentlichen Vorzügen, vor allem der hohen Wortgeschwindigkeit, noch den, daß der Empfangsbeamte nicht herum zu raten braucht und den fertigen Druckstreifen geliefert erhält.

---

[1]) Erreicht wurden von Telefunken schon im Mai 1922 im Verkehr mit Amerika (6400 km) 130 Wörter pro Minute, wobei in Amerika mit Kurvenschreiber aufgenommen wurde.

d) Geringste Kosten für die Niederschrift

kommen insbesondere für den Pressedienst inbetracht (J. Weinberger 1921).

e) Aufbau der Empfangs- und Niederschriftapparate,

derart, daß beste Übersichtlichkeit und leichte Reparierbarkeit gewährleistet ist. Außerdem soll die konstruktive Formgebung der Apparate so beschaffen sein, daß sie mechanisch nicht allzu empfindlich und zu leicht Störungen ausgesetzt sind. Im übrigen hat der Aufbau so zu erfolgen, daß ein Niederschreiben der Telegramme ohne Unterbrechung möglich ist. Beim Phonoschnellschreiber und Telegraphon sowie ähnlichen Apparaten, bei denen die Aufnahmefähigkeit begrenzt ist und die Auswechslung der beschriebenen Platte, des Drahtes mit Zeitverlusten verbunden ist, muß die Anordnung so getroffen werden, daß der Betrieb sich lückenlos abwickeln kann: es muß sich also stets mindestens ein Apparat in Reservestellung befinden.

II. Hochfrequenzquellen.

A. Poulsen-Lichtbogengenerator [1]).

Mit dem ersten Hochfrequenzgenerator der drahtlosen Praxis, welcher kontinuierliche und ungedämpfte Schwingungen lieferte, dem Poulsenschen Lichtbogengenerator ist schon ziemlich frühzeitig, und zwar seit etwa 1908 versucht worden, eine drahtlose Schnelltelegraphie zu verwirklichen, zwischen den Poulsenstationen in Esbjerg und Lyngby bei Kopenhagen, welche in einem Abstand von 260 km voneinander entfernt liegen. Auf der Sendeseite wurde mit dem Pedersenschen Schnellgeber (siehe S. 35ff) gearbeitet, während auf der Empfangsseite mit dem Einfadengalvanometer mit photographischer Fixierung die Telegramme aufgezeichnet wurden; der Lichtschreiber in einer Ausführung, welche dem sehr vollkommenen Glatzelschen Apparat (siehe S. 71ff) nicht einmal ebenbürtig war. Derartige Versuche sollen später in England, Amerika und Österreich wiederholt worden sein. Obwohl hierbei sehr hohe Wortgeschwindigkeiten, und zwar bis zu ca. 150 Wörtern pro Minute, erzielt wurden, ist nicht bekannt geworden, daß eine Einführung in den Telegraphenverkehr tatsächlich stattgefunden hätte. Dies kann folgende Gründe haben:

a) Frequenzschwankungen des Lichtbogengenerators.

Der zwischen den Elektroden sich ausbildende Lichtbogen stellt eine Gasstrecke von mindestens mehreren Millimeter Länge dar. Durch das Magnetfeld, durch den immerhin nicht ganz gleichmäßig zu haltenden Abbrand der Elektroden, die Einführung und Ausbildung der wasserstoffhaltigen Atmosphäre u. a. m. werden Frequenzschwankungen, insbesondere während eines längeren Dauerbetriebes auftreten können, welche selbst bei sehr hochwertigen modernen Anordnungen wie z. B. denjenigen der Federal Telegraph Co., immerhin eine derartige Größenordnung besitzen können, daß sie zwar bei

---

[1]) Bezüglich der Einzelheiten von Sendern, Empfängern usw. wird auf E. Nesper, Handbuch der drahtlosen Telegraphie und Telephonie, Julius Springer, Berlin 1921, verwiesen.

einem normalen Schwebungsempfang nicht unangenehm empfunden werden, hingegen in einem modernen hochwertigen, hochselektiven Verstärkerempfänger sich bereits sehr unangenehm bemerkbar machen und einen Schnellempfang in Frage stellen. Allerdings nehmen diese Wellenschwankungen mit zunehmender Wellenlänge ab und ist vielleicht bei sehr großen Wellenlängen und sehr hochwertigen Generatorkonstruktionen, wie den amerikanischen, die Konstanz für den Schnellverkehr im allgemeinen ausreichend. Endgültige Versuche über diesen Punkt scheinen indessen bis jetzt noch nicht vorzuliegen.

b) Negative Welle.

Die bei den bisherigen Schnellverkehrversuchen benutzten Tastschaltungen verwendeten das Tasten mit negativer Welle, welche zu dem nur wenige Prozent oder gar nur Bruchteile von Prozenten der normalen Sendewelle benachbart war. Abgesehen davon, daß es selbst für den geübten Telegraphisten schwer ist, sofort beim Schnellempfang zu erkennen, welches die positive und welches die negative Welle ist, was sich insbesondere bei etwaigen Rückfragen unangenehm bemerkbar machen kann, entsteht noch ein weiterer Mißstand bei Häufung der Stationen in einem bestimmten Distrikt. Infolge der gegenüber normalen Sendern vorhandenen doppelten Anzahl ausgestrahlter Wellengruppen wird es alsdann besonders schwierig sein für den Empfänger, sich auf den jeweiligen von ihm gewünschten Sender einzuregulieren.

c) Weichheit der Zeichen.

Für den Schnellempfang scheinen nicht nur die Konstanz der Frequenz und das Fehlen einer negativen Welle, sondern auch die absolute Schärfe der ausgestrahlten Signale von grundlegender Bedeutung zu sein. Die von dem Lichtbogensender ausgestrahlten Zeichen besitzen im Gegensatz zu denjenigen des Röhren- und Maschinensenders eine gewisse Weichheit, welche im Schnellempfänger, insbesondere wenn man mit Syphonrekorder oder Typenschnelldrucker empfängt, unangenehm empfunden werden, und sich schlechter fixieren lassen als die scharf akzentuierten Zeichen des Röhren- oder Maschinensenders.

Vielleicht gelingt es auch beim Lichtbogensystem die runden Zeichen eckig zu machen, indem man hinter den Gleichrichter im Empfänger ein Relais schaltet. Man muß sich aber von vornherein darüber klar sein, daß in diesem Falle ein sehr erheblicher Teil der Empfangsenergie durch die abgeschnittenen Kurvenstücke ( ) verloren geht.

d) Konstruktion großer Poulsen-Lichtbogengeneratoren.

Sehr wesentlich neben der Schaltung ist gerade beim Poulsensystem die Konstruktion und Fabrikationsart des Lichtbogengenerators, um überhaupt die Möglichkeit zu erhalten, Schwingungen hinreichend gleichmäßiger Frequenz und größerer Energie zu erzielen. Ausgezeichnete Konstruktionen sind von der Federal Telegraph Company (Konstrukteur: C. F. Elwell) in größerer Zahl geliefert worden, und auch die von der Firma C. F. Elwell in London gebauten Poulsenschen Lichtbogengeneratoren dürften etwa ebensogut arbeiten.

Einen Generator für 20 kW Leistung der Federal Telegraph Company gibt Abb. 1 wieder. *a* bezeichnet hierbei die senkrecht angeordneten Hauptstromfeldspulen, *b* die Anode des Lichtbogengenerators, *c* das Verschlußstück der luftdicht abgeschlossenen Flammenkammer, *d* die ebenso wie den Anodenhalter mit Wasserkühlung versehenen Kathoden- (Kohlen-) Halter. Das richtige Funktionieren der Wasserkühlung kann mittels des Prüfglases *e* festgestellt werden. Die Kohle zu Zünd- und Regulierungszwecken wird mittels der Handgriffe *f* und *g* bedient, während der eigentliche Kohlenhalter durch den Ring *h* gegeben ist. *i* ist die Ansatzstelle des Zünd- und Einregu-

Abb. 1. 20 kW Poulsen-Lichtbogengenerator der Federal Telegraph Company.

lierungsmechanismus der Kohlenelektrode auf mechanische Weise. *k* ist der Kohlendrehmotor, *l* die obere Grundplatte und *n* der Sockel des Generators, *m* die untere Grundplatte.

B. Telefunken-Röhrensender.

Es kann jede moderne hochwertige zieh- und sprüngefreie Röhrensenderanordnung, welche hinreichende Energie in die Antenne liefert, benutzt werden. Selbstverständlich ist hauptsächlich auf besondere Wellenkonstanz und Freihaltung von Oberschwingungen zu achten, aus welchem Grunde wohl nur mit Sekundärkreis gearbeitet werden darf.

Bei kleineren Anlagen, und zwar solchen bis zu etwa 1 kW, welche allerdings höchstens für gewisse Bedürfnisse des kontinentalen Verkehrs ausreichen werden, kann man direkt mit dem Relais, z. B. dem Telegraphenrelais von

Siemens & Halske den Gitterkreis tasten, da in ihm der Strom nahezu Null ist und infolgedessen ein fast funkenloses Tasten möglich ist.

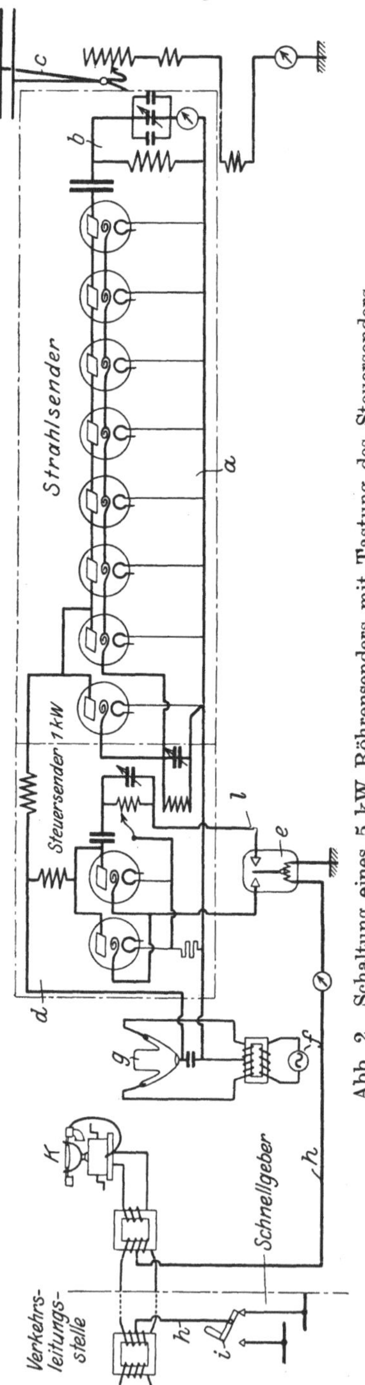

Abb. 2. Schaltung eines 5 kW Röhrensenders mit Tastung des Steuersenders.

Bei größeren Energien jedoch ist man gezwungen, auf Hilfsanordnungen überzugehen. Als Beispiel diene der Röhrensender (Telefunken 1919), welcher zu Schnelltelegraphenzwecken zwischen den Radiostationen Berlin-Königswusterhausen und London gedient hat. Das Schaltungsschema ist in Abb. 2 wiedergegeben. Der Sender besteht aus einem Hauptsender a (Strahlsender), welcher aus 8 Röhren zu je 1,5 kW gebildet wird und der auf einem Sekundärkreis b arbeitet, wodurch die mit Abstimmitteln versehene Antennenordnung c erregt wird und aus einem Steuersender d. Da ein Antennenstrom von ca. 50 Amp. erzielt wurde, beträgt die Senderleistung bei einem Gesamtantennenwiderstand von 3 Ohm etwa 7,5 kW. Diese Anordnung ist aus dem Grund getroffen, weil der Gitterstrom des Hauptsenders etwa 0,5 Amp. beträgt und das für nur sehr geringe Energie konstruierte Telegraphenrelais von Siemens & Halske hierbei nicht mehr völlig funkenlos tasten würde. Dadurch, daß das Telegraphenrelais e den Gitterstrom des Steuersenders tastet, ist funkenloses Arbeiten desselben gewährleistet[1]). Außerdem soll durch den Steuersender die Wellenkonstanz noch weiterhin verbessert werden. Die Heizung der Röhren erfolgt mit Wechselstrom. Das Anodenfeld, dessen Spannung ca. 3700 Volt betrug, wird durch eine 500periodige Wechselstrommaschine f und eine Gleichrichteranordnung mit Hilfszündung g erzeugt. Das Telegraphenrelais e ist über eine von der Verkehrsleitungsstelle herkommende Leitung h mit dem Taster bzw. der Schnellgeberanordnung i verbunden. Durch die Fernsprechanlage k steht unter Verwendung von Zwischentransformatoren die Sendestelle mit der Verkehrsleistung in ständiger Verbindung.

---

[1]) Zwischen der Relaiszunge und l ist ein Kondensator zu schalten.

C. Maschinelle Erzeugung hochfrequenter Schwingungen.

Es sind zur Zeit zwei Verfahren hauptsächlich auf Großstationen in Benutzung:

Die Induktormaschine von Fessenden-Alexanderson und

die Transformatorenanordnung von Telefunken (Epstein-Joly-Vallauri-Graf Arco).

a) Induktormaschine von Fessenden-Alexanderson.

Die älteste Ausführung war früher nur für geringere Frequenzen gedacht. Bei richtiger konstruktiver Ausbildung kommt sie für die direkte Erzeugung hochfrequenter Schwingungsenergie inbetracht. Nach den neuesten Berichten aus Amerika (Gen. Electric Review 25. 1922. 1) wird bei allen im Bau befindlichen Großstationen nur noch die Alexandersonmaschine der Einheiten von 200 kW verwendet. Dies braucht nicht unbedingt für ihre technische Überlegenheit zu sprechen. Es kann auch daher kommen, daß sie der Hochfrequenzgenerator der General Electric Co., also der Radio Corporation of Amerika und damit der bedeutendsten Trustgruppe ist.

Die Induktormaschine besitzt gegenüber den Hochfrequenztransformatoranordnungen den Vorteil, daß in der Maschine nur lange Wellen auftreten können, und daß entweder Oberschwingungen überhaupt nicht vorhanden sind, oder aber, wenn dieselben auftreten, nur geringe Amplituden besitzen. Allerdings ist wohl meist mit loser Kopplung gearbeitet worden.

Der Nachteil aller bisherigen Hochfrequenztransformatorenanordnungen war der, daß, wie schon bemerkt, die Oberschwingungen künstlich erzeugt und vergrößert werden, und daß infolgedessen von der Antenne, auf welche die Oberschwingungen übertragen werden, ein förmliches Wellenspektrum ausgestrahlt wird, wenn man nicht besondere Kunstgriffe anwendet. Neuerdings wird in Nauen mit loser Kopplung gearbeitet; dieses ergibt allerdings einen Energieverlust, dafür erhält man aber reine Schwingungen.

Die großen Übelstände, welche die Oberschwingungen in den Telegraphierbetrieb hineinbringen, sind genugsam bekannt und werden sich mit der Zahl der miteinander in Verkehr tretenden Stationen immer weiter vermehren und sich durch die immer höher getriebene Verstärkung der Schwingungen im Empfänger immer fühlbarer bemerkbar machen. Wendet man beispielsweise für den Empfang moderne Schwebungsempfangsschaltung und Verstärkung an, also eine Anordnung, welche größte Empfindlichkeit und Lautstärke ergibt, so kann durch die Oberschwingungen des auf elektrischen Schwebungsempfang eingestellten Empfängers einer größeren oder Großstation nicht nur in unmittelbarer Umgebung derselben, sondern auch in weiteren Entfernungen der gesamte drahtlose Verkehr lahmgelegt werden.

Die Konstruktion, mindestens aber die Fabrikation der Fessenden-Alexandersonmaschine ist im Prinzip außerordentlich viel einfacher gestaltet als die ähnlicher Anordnungen. Allerdings wird diese Einfachheit wieder wettgemacht durch die Vorrichtungen zur automatischen Luftspaltregulierung und durch das Zahnradvorgelege.

Die maximale zulässige Umfangsgeschwindigkeit für Stahl ist ca. 300 m pro Sekunde. Auf 3 mm Anker- bzw. Feldlänge kann man einen Pol mit Wicklung und Isolation unterbringen, so daß die Polzahl pro Sekunde ist $\sim 100\,000$, also die Frequenz 100000 pro Sekunde beträgt.

Den Schnitt durch eine derartige Induktormaschine, welche allerdings nur für geringe Leistung gebaut war, zeigt Abb. 3 mit einigen eingetragenen

Hauptmaßen. Es stellt a das in Form eines Körpers gleicher Festigkeit ausgebildete Laufrad dar. Der feststehende Maschinenteil b enthält die beiden von Gleichstrom durchflossenen Wicklungen c und d (Feldspulen), welche Kraftlinien ausbilden, die den Rahmen, den Körper b und die Polköpfe e durchsetzen. Der Hochfrequenzstrom wird aus der Zickzackwicklung entnommen, welche in den beiden aus Blechen

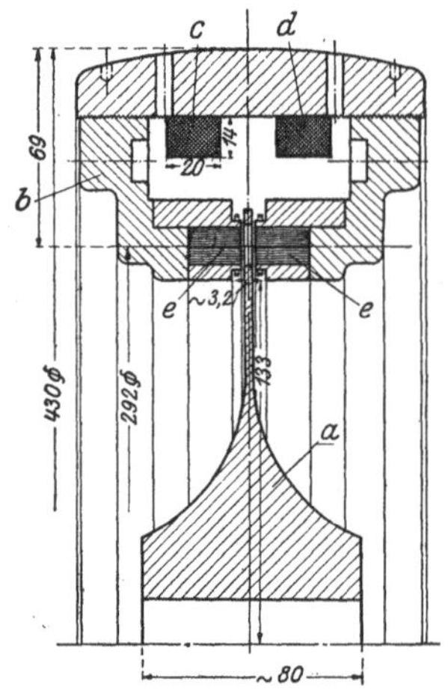

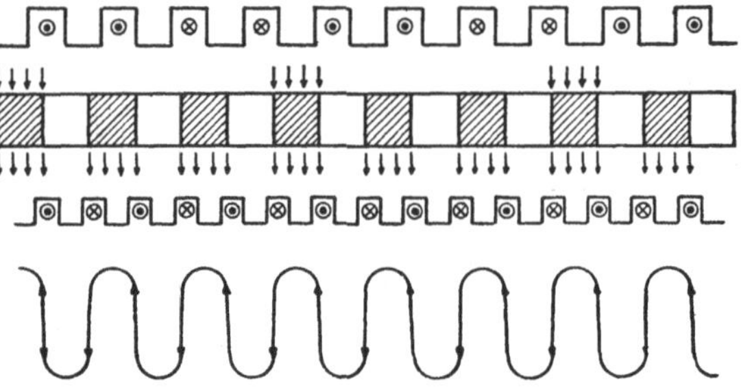

Abb. 3. Schnitt durch die Induktormaschine nach Alexanderson-Fessenden.

Abb. 4. Wicklungsschema der Alexanderson-Fessenden-Maschine.

hergestellten Polköpfen e angeordnet ist. Das Wicklungsschema zeigt Abb. 4.

Zu diesem Zweck ist in Abb. 5 der Kraftlinienverlauf, welcher bei der Alexandersonmaschine auftritt, schematisch angedeutet. Der Kraftfluß verläuft infolge des bei der Drehung des Motors ständig wechselnden magnetischen

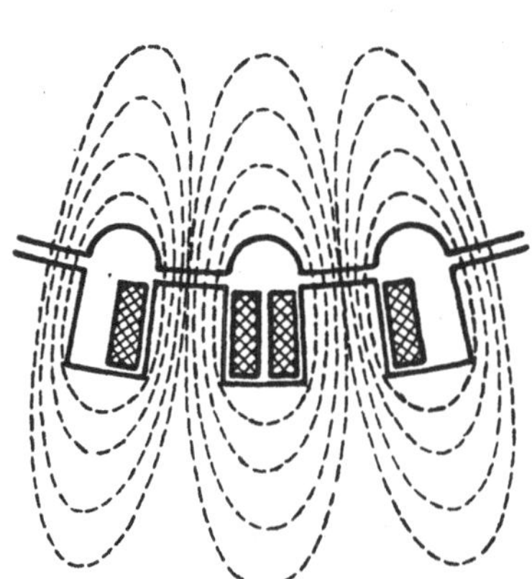

Abb. 5. Kraftlinienverlauf in der Alexandersonmaschine.

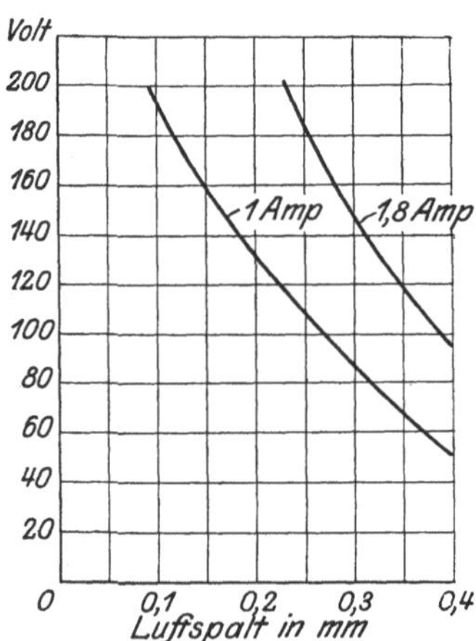

Abb. 6. Induzierte EMK in Funktion des Luftspaltes.

Widerstandes durch den ganzen, von Eisen geschlossenen Kreis hindurch, und dieser Verlauf des Gesamtfeldes ist die Ursache der auftretenden Wechselspannungen. Infolge des Gesamtverlaufes durch den ganzen Kreis hindurch sind die auftretenden Eisenverluste auch entsprechend große.

Um die Luftreibung des mit 20000 Touren pro Minute rotierenden Teiles *a* zu verringern, sind die in das Laufrad eingefrästen Löcher (z. B. 300 Löcher) mit Aluminium oder Bronze ausgefüllt und nachträglich glatt überdreht. Der Luftabstand zwischen den Polen und dem Laufrad der Maschine kann mittels des Gewindes in *b* in bestimmten Grenzen einreguliert werden. Um den magnetischen Widerstand tunlichst klein zu machen und demgemäß die Maschinenleistung zu steigern, soll, worauf bereits Tesla hingewiesen hat, der Abstand zwischen dem aktiven Laufradring, Laufradkranz und den Polkörpern möglichst gering gehalten werden (unter 1 mm).

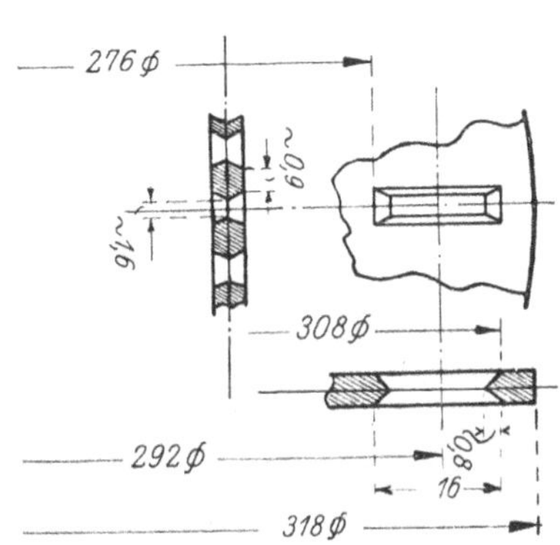

Abb. 7. Teile des Laufrades usw. einer Maschine von Fessenden-Alexanderson.

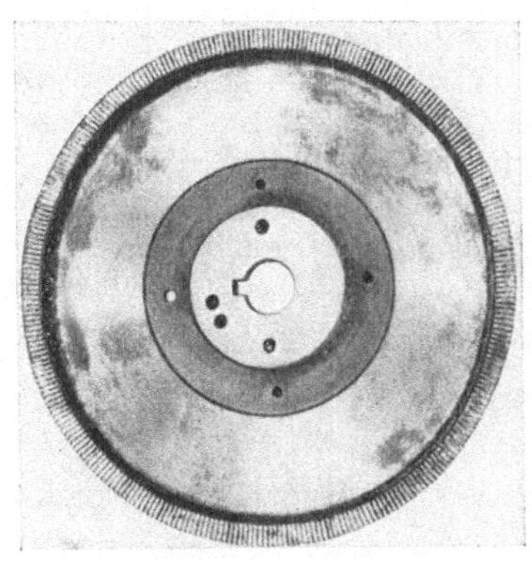

Abb. 8. Laufrad einer Induktormaschine.

Wie wichtig die Innehaltung der Forderung des geringen Luftspaltes ist, geht aus Abb. 6 hervor. Die Kurven, welche bei zwei verschiedenen Erregerstromstärken der Feldspulen aufgenommen wurden, beweisen, daß die geringste Vergrößerung des Luftspaltes bereits ein sehr erhebliches Sinken der induzierten EMK zur Folge hat. Die Kurven gelten für Maschinen von 100000 Perioden pro Sekunde bei einer Leistung von 2 kW.

Einzelheiten des Laufrades dieser Maschine, der Lochausführung und des Lochabstandes usw. zeigt Abb. 7.

Das Bild des Laufrades einer etwas anders gebauten Maschine von Fessenden-Alexanderson gibt Abb. 8 wieder.

Die überaus große Abhängigkeit der Leistung vom Abstand zwischen Rotor und den Wicklungspolen hat den schon bei Abb. 3 angedeuteten Gedanken nahegelegt, den Rotor einstellbar zu machen (R. A. Fessenden 1908). In Abb. 9 ist eine derartige besondere Ausführungsform für eine Mittelfrequenz- bzw. Hochfrequenzmaschine nach der Induktortype mit Klauenfeld wiedergegeben. Der Rotor *a* läuft hierbei

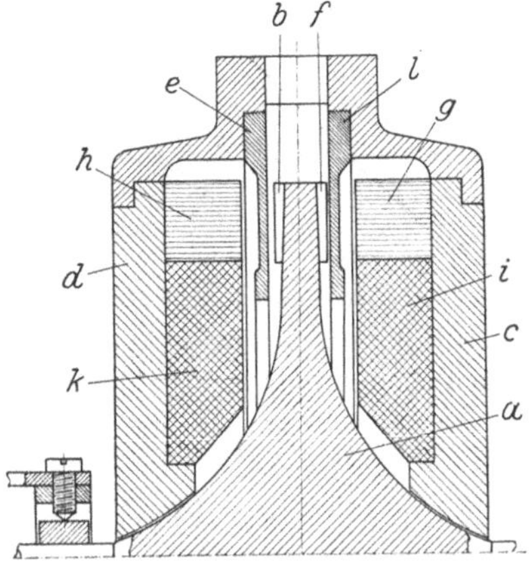

Abb. 9. Einstellbares Laufrad einer Induktionsmaschine mit Klauenfeld.

absichtlich unsymmetrisch, um eine möglichst günstige Kraftlinienausbildung zu gewähren. Hierdurch kann jede nicht gewünschte Unsymmetrie der Kraftlinienausbildung, welche beispielsweise von einem wenn auch nur geringen Verziehen infolge Erwärmung des Rotors herrühren kann, vermieden werden. Dieses Verziehen, welches bei normalen Maschinen keine merkliche Bedeutung hat, kann aus dem angegebenen Grunde bei einer derartigen Mittelfrequenz- oder Hochfrequenzmaschine den gesamten Effekt beeinträchtigen, da die Wicklungen sich gegenseitig in ihrer Wirkung direkt aufheben können.

Der Anker ist gemäß Abb. 9 aus einzelnen, unabhängig voneinander ausdehnbaren Teilen hergestellt. Die Formgebung des Ankers als Körper gleicher Festigkeit ist so getroffen, daß der Abstand von den feststehenden Teilen tunlichst gering gehalten werden kann. Der Rotor ist hierzu aus einem Nickelvanadiumstahlkörper hergestellt, seine an der äußeren Peripherie eingefrästen Nuten $b\,f$ sind mit einem nichtmagnetischen Material zwecks Verringerung der Luftreibung, und um eine glatte Oberfläche zu erhalten, ausgefüllt. In dem Gehäuse $c\,d$ können die Ankerkörper $e\,l$ mittels Schraubengewinde verstellt werden. Die Ankerwicklungen können daher entsprechend nahe an den genuteten Teil des Rotors heranbewegt werden, so daß sie dem Rotor näher stehen als den aus Lamellen zusammengesetzten Ringen $g\,h$ der Feldspulen $i\,k$.

b) Vervielfachungstransformatoranordnung von Epstein, Joly, Vallauri.

α) Allgemeine Betrachtungen. Die Vervielfachungstransformatoranordnungen beruhen sämtlich darauf, die Stromkurve zu verzerren, also ihr eine von der Sinuslinie abweichende Gestalt zu geben und alsdann eine der vorhandenen Oberschwingungen besonders herauszuziehen.

Durch entsprechende Schwingungskreise wird nun einerseits die Grundschwingung unterdrückt, andererseits die Amplitude der Oberschwingung vergrößert, ferner wendet man zwecks Kompensation der Grundschwingung, bzw. der nicht benutzten Oberschwingungen mindestens zwei, evtl. mehrere um 180° gegeneinander in der Phase verschobene Ströme an, und man erhält auf diese Weise direkt die der Oberschwingung und dem betreffenden Schwingungskreis entsprechende Periodenzahl.

Die nunmehr zu besprechenden Vervielfachungstransformatoranordnungen beruhen darauf, daß die magnetische Sättigung des Eisens für die Frequenzvervielfachung herangezogen wird.

Infolge des Herausziehens der Oberschwingungen ist es zwar möglich, mittels des Frequenztransformators Ströme höherer Periodenzahlen herzustellen, nicht aber ist es möglich, umgekehrt mittels derartiger Transformatoren Ströme höherer Periodenzahl in solche niedrigerer Periodenzahl umzuwandeln.

β) Transformatoranordnung von J. Epstein. Von J. Epstein ist bereits 1902 ein Verfahren angegeben worden, um einen in einen Transformator hineingesandten Wechselstrom in seiner Periodenzahl zu verdoppeln. Epstein hat dies im wesentlichen durch eine besondere Hilfswicklung erzielt, welche er auf den bzw. die Transformatorkerne aufgebracht hat.

Zum Verständnis der Wirkungsweise möge folgendes dienen:

Betrachtet man die normale Magnetisierungskurve eines Transformators oder einer Drosselspule bei Leerlauf, so ergibt sich, wenn man die Eisenverluste vernachlässigt, so daß die Hysteresisfläche zur Hysteresiskurve zusammenschrumpft, eine Schaulinie etwa gemäß Abb. 10. Aus dieser ist ersichtlich, daß vom Kniepunkt k an eine weitere Magnetisierung verhältnismäßig zwecklos ist, da sie alsdann kaum noch wächst. Es möge also eine dem Punkt k entsprechende vorhandene Sättigung für die Betrachtung zugrunde gelegt werden.

Verstärkt man über den Punkt k hinaus die Magnetisierung noch weiter, so erhält man das rechts von k liegende Kurvenstück. Wirken jedoch die die Magnetisierung vornehmenden Amperewindungen nicht verstärkend, sondern schwächend, so nimmt die Magnetisierung gemäß dem links von k befindlichen Kurvenstück ab. Es ist also aus dem Vergleich dieser beiden Kurvenstücke ersichtlich, daß ein in bestimmter Richtung magnetisiertes Eisen zusätzlichen Amperewindungen einen je nach deren Sinn verschiedenen magnetischen Widerstand entgegensetzt. Eine mit zwei getrennten Wicklungen versehene Drosselspule, bei welcher die eine Wicklung mit Gleichstrom konstanter Stärke und Richtung, die andere von Wechselstrom durchflossen wird, wird je nach der augenblicklichen Richtung des Wechselstromes diesem einen verschieden starken magnetischen Widerstand entgegensetzen und damit eine verschiedene Selbstinduktion besitzen. Die beiden Stromwellen werden also verschieden stark gedrosselt.

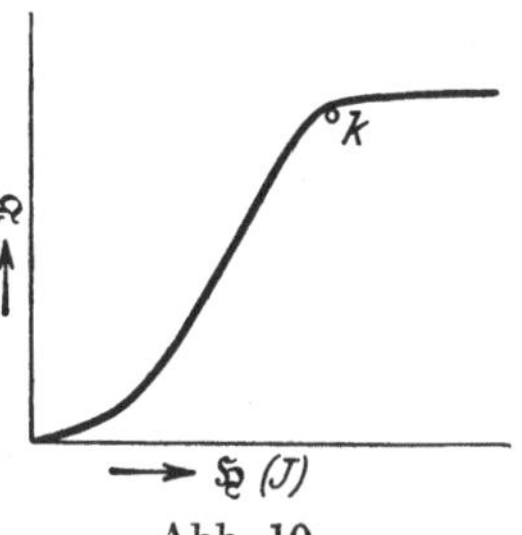

Abb. 10.
Magnetisierungskurve.

Die Einrichtung, welche man, um diese Erscheinung hervorzubringen, benutzen kann, soll etwa Abb. 11 entsprechen. Unter den hierin ange-

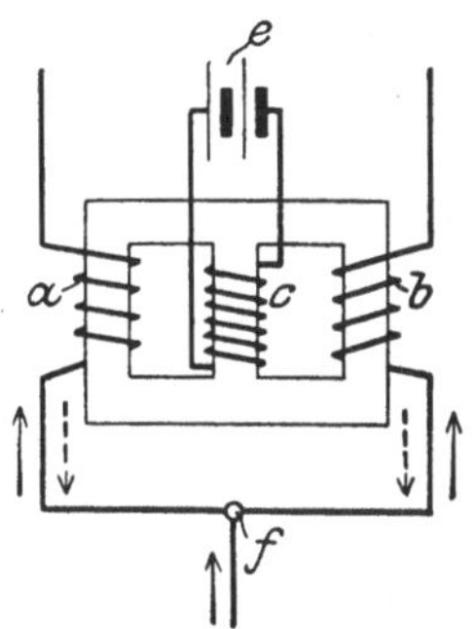

Abb. 11. Transformatoranordnung von J. Epstein.

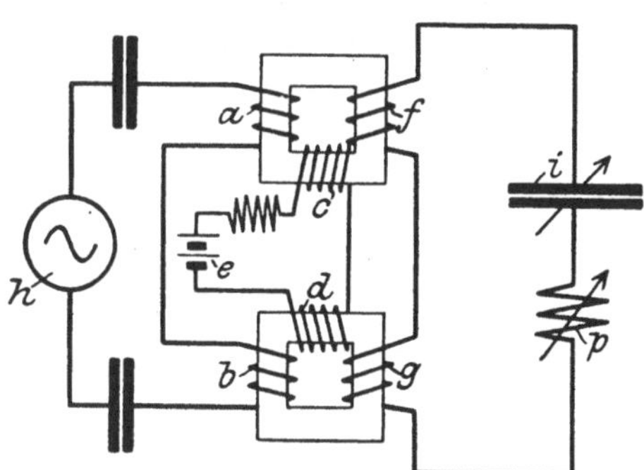

Abb. 12. Teilung des Frequenzverdopplungstransformators in zwei Transformatoren.

nommenen Verhältnissen wird der Zweig a dem Wechselstrom in der Richtung des ausgezogenen Pfeiles einen geringeren Widerstand entgegensetzen als der Zweig b, während für die Wechselstromwelle in der Richtung des gestrichelten Pfeiles das Entgegengesetzte gilt. Infolgedessen findet im Punkt f eine Differenzierung des zugeführten Stromes statt, so daß in dem betrachteten Zeitmoment in a eine Art pulsierender Gleichstrom der Richtung $f\,e$, in b ein solcher der Richtung $e\,f$ fließt. Die Stromverteilung in den beiden Zweigen a, b wird also nicht symmetrisch, sondern entsprechend der kleineren Sättigung (kleinerer Selbstinduktion), beispielsweise von a größer sein, während zu gleicher Zeit der Strom im Zweig b gedrosselt wird, da in diesem eine größere Sättigung (größere Selbstinduktion) vorausgesetzt sein soll.

Teilt man nunmehr den einen Transformator gemäß den Ausführungen der Praxis in zwei Transformatoren auf, so erhält man eine Anordnung, welche etwa Abb. 12 entspricht. Die Primärspulen a und b sind in diesem Falle gleichsinnig entwickelt. Die Unsymmetrie wird durch die Gleichstromwicklungen c und d, welche auf den beiden Transformatoren einen verschiedenen Wicklungssinn besitzen, bewirkt.

Betrachtet man wiederum zunächst nur die Induktionsvorgänge in den Primärspulen a und b, und führt man die Magnetisierung bis zum Knie k aus,

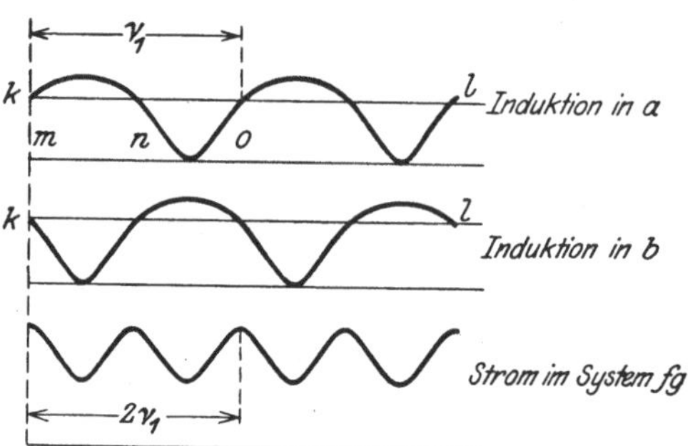

Abb. 13. Wechselstrom gleich dem Magnetisierungsstrom gewählt, ergibt Verdopplung der Frequenz.

wählt man also den Wechselstrom gleich dem Magnetisierungsstrom, so ergeben sich die in Abb. 13 oben und in der Mitte gezeichneten Induktionslinien. Während der ersten Halbperiode $m\,n$, in welcher in der Wicklung a die Wechselstromamplitude dieselbe Richtung haben möge wie der Gleichstrom, erhebt sich die Induktion nur wenig über den Kniepunkt k, welcher im Diagramm durch die Linie $k\,l$ zum Ausdruck gelangt. Während der nächsten Halbperiode $n\,o$, in welcher die Richtung der Wechselstromamplitude derjenigen des Gleichstromes entgegengesetzt gerichtet ist, in welcher also die Größe der Induktion bestimmt ist durch den Differenzbetrag zwischen Gleichstrom und Wechselstrom, wird das Kurvenstück $n\,o$ in Abb. 13 durchlaufen.

Dasselbe gilt für den durch die Wicklung b hervorgerufenen Induktionsvorgang, welcher bei gleichartiger Ausführung der Wicklung und der Eisenverhältnisse und derselben Gleichstrommagnetisierung des Transformatorenkernes den gleichen Verlauf für die Induktionslinie ergibt wie in Abb. 13, nur mit dem Unterschiede, daß dieser Verlauf gegenüber dem ersteren um 90^0 verschoben ist.

Betrachtet man nunmehr die auf die Transformatorkerne aufgewickelten Sekundärspulen f und g, welche über einen variablen Kondensator i und eine veränderliche Selbstinduktionsspule p zu einem abstimmbaren Resonanzkreis

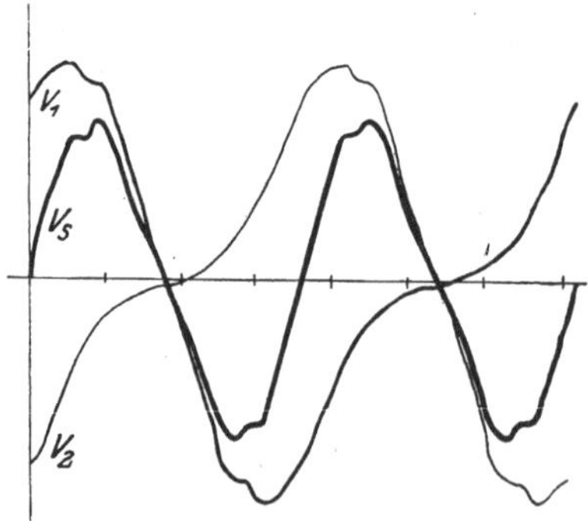

Abb. 14. Spannungskurve doppelter Frequenz.

geschlossen sein mögen, so ergibt sich, daß durch das Zusammenwirken der beiden Induktionen in a und b in den Sekundärspulen f und g ein vereinigter Induktionsfluß hervorgerufen wird, welchen Abb. 13 unten wiedergibt. Dieser besitzt eine doppelt so hohe Frequenz $2\nu_1$ als der ursprünglich den Primärspulen a und b zugeführte Wechselstrom aufwies (ν_1).

Die sich bei einer ausgeführten Anordnung ergebenden Schaulinien sind in Abb. 14 wiedergegeben und beweisen die Richtigkeit der angestellten Betrachtungen. Die den Induktionen a und b entsprechenden

Spannungskurven sind durch V_1 und V_2 gekennzeichnet, welche verhältnismäßig stark deformierte Sinuslinien wiedergeben. Die in den Sekundärwicklungen induzierte Sekundärspannung V_s zeigt gegen V_1 und V_2 doppelte Frequenz und einen keineswegs rein sinusförmigen Charakter.

Es wird also durch die Anordnung ermöglicht, ohne irgendwelche rotierenden Teile aus einem Wechselstrom symmetrischer Kurvenform zwei Wechselströme unsymmetrischer Form zu erhalten und durch die Kombination dieser beiden Kurven eine resultierende Kurve doppelter Periodenzahl herzustellen, was generell durch verschiedene Verteilung der Induktion, bzw. durch einen verschieden gemachten magnetischen Widerstand parallel gehaltener Zweige (gegeneinander geschaltete Spulen, verschiedene Eisenquerschnitte der Schenkel) erreicht werden kann.

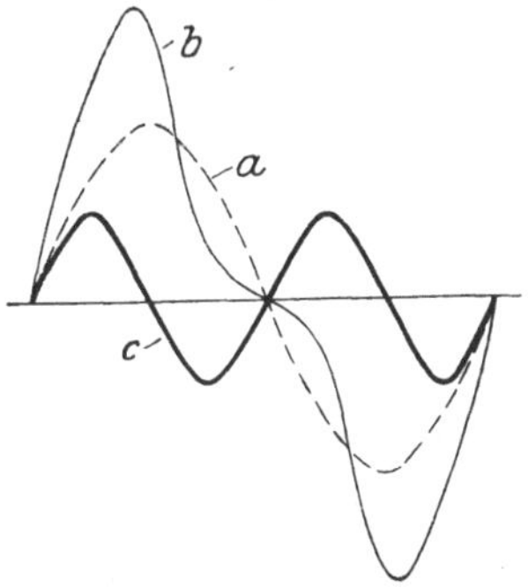

γ) **Transformatorschaltungen von Joly und Vallauri.** Die Transformatorschaltung von Joly und Vallauri basieren direkt auf der Anordnung von Epstein und bilden diese weiter aus. Sie haben weiterhin zur Ausbildung der sog. Telefunkenhochfrequenzmaschine gedient, mit der sie prinzipiell übereinstimmen. Zugrundegelegt sei wieder eine Schaltung gemäß Abb. 12. Man kann sich das Zustandekommen dieses Vervielfachungsphänomens der Frequenz auch folgendermaßen erklären:

Abb. 15. Entstehung der zweiten harmonischen Oberschwingung.

Die Kraftlinienzahl im Eisenkern wird so lange variiert, als die Richtung des Wechselstromes derjenigen des Magnetisierungsgleichstromes entgegengesetzt gerichtet ist. Sobald jedoch die Richtung des Wechselstromes mit derjenigen des Magnetisierungsstromes gleich verläuft, wird die Kraftlinienänderung nur gering sein und infolgedessen auch die Primärspannung klein bleiben müssen. Die Folge von dieser wechselnden und gleichförmigen Richtung ist, daß die Primärspannungskurve und infolgedessen auch die Sekundärspannungskurve mehr oder weniger stark verzerrt sind.

Bei dieser Anordnung, ebenso wie bei jener von Epstein, wird die zweite harmonische Oberschwingung herausgeholt. Es wird sich also ein Bild gemäß Abb. 15 ergeben. Hierin bedeutet Kurve a die Grundschwingung, Kurve b die verzerrte Oberschwingung, welche die zweite harmonische Oberschwingung (Kurve c) im Gefolge hat, die durch den Resonanzkreis $f\,i\,p\,g$ hervorgehoben und nutzbar gemacht wird. Diese Oberschwingung besitzt, wie man sofort sieht, gegenüber der Grundschwingung die doppelte Frequenz.

Dieses ist auch durch das Oszillogramm Abb. 16 zum Ausdruck gebracht, in welchem d die Spannungskurve des einen Transformators, e die des anderen Transformators ist, während f die Spannungskurve doppelter Frequenz ist (2. harmonische Oberschwingung), welche in dem mit den Transformatoren verbundenen Resonanzkreis in die Erscheinung tritt.

Die Kurven zeigen, in welchem Maße der erzeugte Strom höherer Frequenz von der Gleichstrominduktion beeinflußt wird.

Es geht aus diesen Darlegungen und aus den Oszillogrammaufnahmen hervor, daß die Energie höherer Frequenz abwechselnd von dem einen und von dem anderen Transformator geliefert wird.

Es ist ohne weiteres klar, daß man dieses Verfahren der Frequenztransformation beliebig oft fortsetzen kann, wobei zu berücksichtigen sei, daß in jeder Stufe nicht nur ein Energieverlust stattfindet, sondern daß dieser auch noch zunimmt, etwa prozentual zu der größer werdenden Frequenz. Im übrigen ist zu beachten, daß die Frequenzsteigerung im Gegensatze zu der-

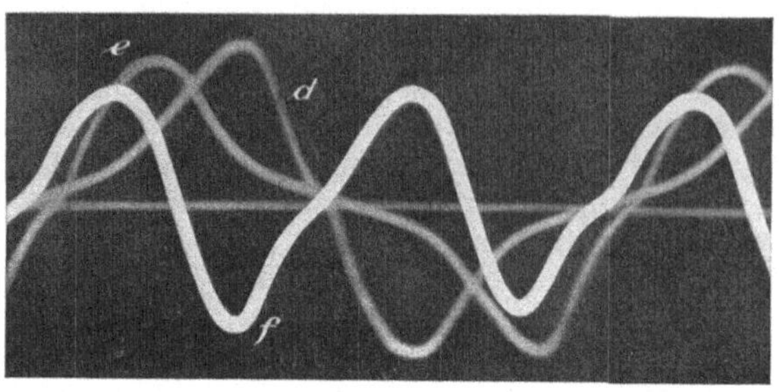

Abb. 16. Oszillogramm bei Frequenzverdopplung. d = Spannungskurve des einen Transformators, e = des anderen Transformators, f = Spannungskurve doppelter Frequenz.

jenigen bei der Reflexionsmaschine hier in geometrischer Reihe erfolgt, so daß bei n-Stufen ein Strom von der Frequenz v^n erzeugt wird.

Im übrigen wird weiter unten gezeigt werden, daß man keineswegs darauf beschränkt ist, zur Frequenzsteigerung eine entsprechende Anzahl von einzelnen Frequenzstufen anzuwenden, sondern daß man vielmehr unter Benutzung höherer harmonischer Oberschwingungen auch mit einem Transformatorpaar, evtl. sogar mit einem einzigen Transformator auskommt und alsdann überhaupt nur eine Stufe für die Frequenzvervielfachung anzuwenden braucht.

So haben beispielsweise Joly und Vallauri vorgeschlagen, die Hilfsmagnetisierungswicklung vollkommen fortzulassen und dabei trotzdem sogar eine Verdreifachung der Frequenz pro Stufe erzielt. Sie erreichten dies dadurch (siehe Abb. 17), daß sie einen Transformator mit einer sehr geringen Amperewindungszahl (des primären Wechselstromes), den anderen Transformator mit einer hohen Amperewindungszahl versahen, so daß das Eisen bis nahe

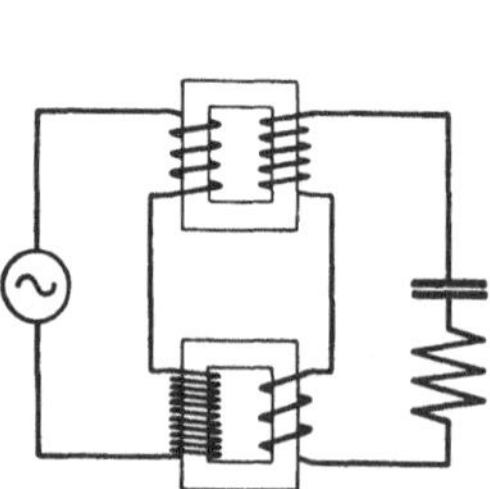

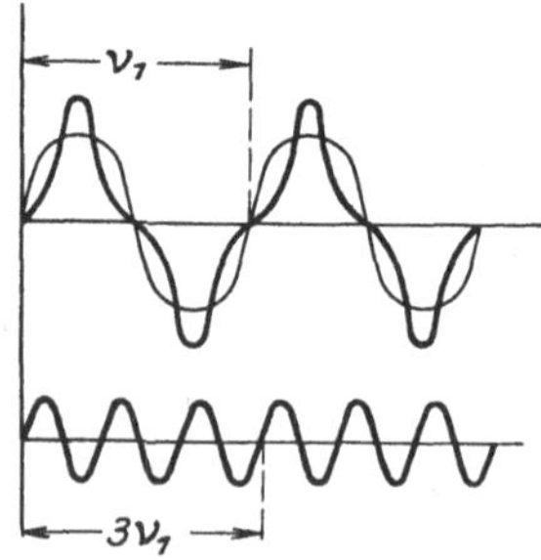

Abb. 17.   Anordnung zur Verdreifachung   Abb. 18.   Stromkurve bei Verdreifachung
            der Frequenz.   der Frequenz.

zur Sättigung magnetisiert war. Im ersten Fall ist die magnetische Induktion im Transformatoreisen niedrig. Im zweiten Fall kann das Knie der Magnetisierungskurve weit überschritten werden. Man erhält für beide Fälle Stromkurven, welche in Abb. 18 oben dargestellt sind. Der alsdann in den entsprechend gewickelten Transformatorsekundärspulen, welche wiederum mittels eines Kondensators und einer Abgleichspule zu einem Stromkreise vereinigt sind, erzeugte Sekundärfluß (Abb. 18 unten und Abb. 19) besitzt die dreifache Frequenz des ursprünglichen Wechselstromes.

Außer der dritten Harmonischen erscheinen noch die anderen ungradzahligen Harmonischen mehr oder weniger ausgeprägt, was der Grund ist, daß mittels dieses Verfahrens ohne weiteres auch die höheren Harmonischen

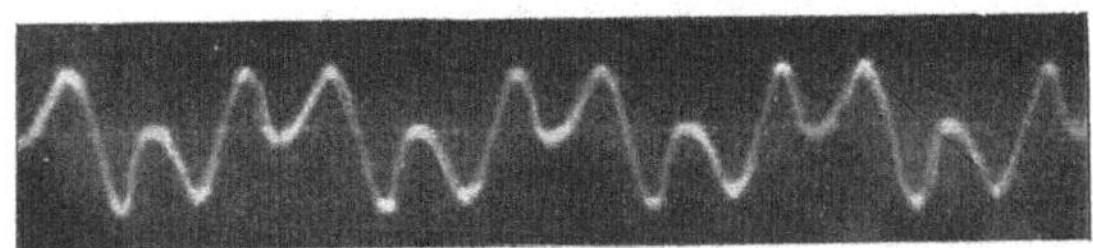

Abb. 19. Oszillogramm der dreifachen Frequenz des ursprünglichen Wechselstroms.

herausgezogen, also Wechselströme entsprechender Frequenz erzeugt werden können. Man bewirkt dies dadurch, daß man einen auf die gewünschte höhere Harmonische entsprechend abgestimmten Kreis anschaltet. Es ist jedoch zu beachten, daß es nicht unter allen Umständen, vielmehr nur unter ganz besonderen Bedingungen möglich ist, daß die höheren Harmonischen noch eine für den praktischen Betrieb hinreichende Energie besitzen.

c) Telefunken-Hochfrequenzmaschinenanordnung (Graf Arco).

Bei der maschinellen Hochfrequenzerzeugung von Telefunken wird eine Gleichpolinduktormaschine ohne rotierende Wicklungen, ähnlich denjenigen Typen, welche als 500 Perioden-Maschinen zur Speisung von Löschfunken-sendern seitens der A.E.G. normalisiert worden sind, in Kombination mit Transformatorenanordnungen nach Epstein-Joly-Vallauri benutzt.

Das generelle Schaltungs- und Anordnungsschema kennzeichnet Abb. 20; f ist die Induktormaschine. Der massive aus Stahlguß hergestellte Rotor und Stator besitzen gleiche Zähnezahl. Der Rotor ist um eine zur Welle senkrechte Mittelebene zweiteilig symmetrisch geteilt und entsprechend ebenso der Stator. In der Mittelebene ist die Erregerwicklung im Stator

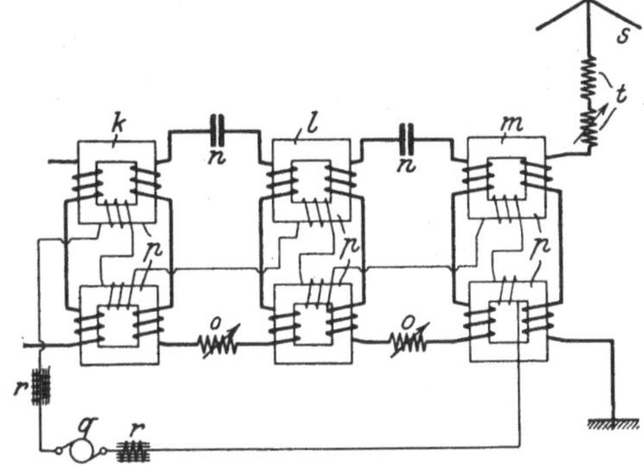

Abb. 20. Anordnungsschema der Telefunken-Hochfrequenzmaschine.

untergebracht. Auf jeden Statorzahn ist eine Wicklung der Ankerspule aufgebracht. Außerdem ist in den Stator die ringförmige Magnetisierungswicklung eingelegt, welche die Rotorzähne induziert. Die Statorzähne entstehen ebenso wie die Rotorzähne dadurch, daß insgesamt 240 Nuten axial in den zylindrischen Stator- bzw. Rotorkörper eingefräst sind. Bei 1500 Touren pro Minute entsteht bei 240 Zähnen ein Grundwechselstrom von 6000 Perioden. Da sich bei dieser Periodenzahl das Eisen immerhin schon ziemlich erwärmt und die Telefunkenmaschine für sehr große Leistungen gebaut wurde, mußte für Kühlung Sorge getragen werden. Dieses geschieht einmal durch Kühlschlangen im Stator, welche von Kühlwasser durchflossen sind und ferner durch Luftkühlung des Rotors mittels auf die Rotorwelle

Abb. 21. Ansicht der Hochfrequenzmaschinensenderanlagen in Nauen. Vor den Maschinen rechts und links die Phasensprunganordnungen zur Tourenregulierung und Indikation von Riegger.

aufgesetzter Ventilationsflügel, mittels derer durch die Maschine axial Luft geblasen wird, durch Luftschlitze hindurch, welche zwecks besseren Durchströmens wagerecht in der Maschine angebracht sind.

Mit der Transformatorenanordnung f ist die Tastanordnung $a\ b\ c\ g\ h$ verbunden, welche auf S. 27 besprochen ist.

Weiterhin ist an die Maschine der Spannungstransformator i angeschlossen, welcher die Aufgabe hat, die von der Maschine gelieferte, 450 Volt betragende Spannung auf 1900 Volt zu erhöhen.

Es folgen nunmehr 3 Gruppen von je 2 vollkommen gleich ausgeführten Verdopplungstransformatoren $k\,l\,m$, bei denen die Sekundärwicklungen jeweilig so geschaltet sind, daß, wenn kein Gleichstrom fließt, die in diesen Wicklungen induzierten EMK sich aufheben würden, wodurch der Effekt erzielt wird, daß sich praktisch stets nur die doppelte Frequenz ausbilden kann, und zwar bringt k die Periodenzahl von 6000 auf 12000, l von 12000 auf 24000 und m von 24000 auf 48000 pro Sekunde. Durch in die Kreise eingeschaltete Kondensatoren n und Selbstinduktionsspulen o kann jeweilig auf Resonanz abgeglichen werden. Es ist ferner noch möglich, auch noch die Grundfrequenz hinzuzufügen, so daß auch eine Verdreifachung der Frequenz erzielt werden kann.

Um die Frequenzsteigerung zu erzielen, sind auf die Transformatorschenkel noch die Wicklungen p aufgebracht, welche in entsprechender Gegeneinanderschaltung arbeiten. q ist die den Gleichstrom liefernde Maschine, r sind Drosselspulen zum Schutz gegen Hochfrequenz.

Mit dem letzten Transformator m ist die Antenne s unter Zwischenschaltung von Abstimmitteln t angeschlossen.

Die Ausführung der Transformatoren muß sehr exakt sein. Ihre Körper bestehen aus fein lamellierten (0,7 mm Stärke) Eisenblechen, wobei das Eisenvolumen möglichst klein gehalten ist. Zur Kühlung sind die Transformatoren in einem Ölbade angeordnet.

Man erhält also auf diese Weise mit der Anordnung folgenden Effekt:

Maschine liefert Grundfrequenz	= 6 000	Perioden pro Sek.	= 50 000 m λ		
1. Transformator liefert	= 12 000	„ „ „	= 25 000 m λ		
Wirkungsgrad: $\sim$ 90%.					
[unter Benutzung der Verdreifachung	= 18 000	„ „ „	= 16 670 m λ]		
2. Transformator liefert	= 24 000	„ „ „	= 12 500 m λ		
Wirkungsgrad: $\sim$ 68%.					
[unter Benutzung der ersten Verdopplung + einmal. Verdreifachung	= 36 000	„ „ „	= 8 850 m λ]		
3. Transformator liefert	= 48 000	„ „ „	= 6 250 m λ		
Wirkungsgrad: $\sim$ 58%.					

Abb. 21 gibt ein Bild der maschinellen Hochfrequenzerzeugung in Nauen. Rechts und links sind die maschinellen Hochfrequenzmaschinen nebst Antriebsmotoren erkennbar. Im Hintergrunde sind die Schaltpaneele, Hochfrequenztransformatoren und Abstimmittel sowie das Antennenamperemeter sichtbar. Vor den Maschinen sind die Tourenkonstanthaltungs- und Indikationseinrichtungen (Phasensprungmethode) nach R i e g g e r angebracht.

III. Tasten des Hochfrequenzgenerators.

A. Allgemeine Gesichtspunkte.

Prinzipiell muß verlangt werden, daß beim Tasten, insbesondere für den Schnellsendebetrieb, die Hochfrequenzenergie ohne Zeitverlust beeinflußt wird, daß also die Variationen sofort erfolgen. Solange kleine Energien zu tasten sind, bereitet dieses nicht wesentliche Schwierigkeiten, da die an den Unterbrechungskontakten auftretende Funkenbildung nur gering ist. Am einfachsten läßt sich daher ein Röhrensender für kleine und mittlere Energien tasten. Etwas größere Schwierigkeiten bestehen bereits für die Tastung des Lichtbogengenerators [1]), da die Tastanordnung unter allen Umständen hierbei so getroffen werden muß, daß das normale Brennen des Lichtbogens nicht beeinflußt wird, weil sonst die ohnehin durch Abbrand der Elektroden, Variationen der Gasatmosphäre usw. auftretenden wenn auch geringfügigen Frequenzschwankungen hierdurch eine weitere Steigerung erfahren würden. Besonders schwierig lag die Aufgabe naturgemäß bei der Tastung maschinell erzeugter Hochfrequenzschwingungen. Hierbei wird durch die Leistungsveränderung der Maschine beim Tasten, insbesondere von Leerlauf auf Vollast auch eine erhebliche Rückwirkung auf den Antriebsmotor und damit auf seine Tourenzahl bewirkt, wodurch Frequenzschwankungen der maschinell erzeugten Hochfrequenzschwingungen auftreten. Diese brauchen aber, wie oben gezeigt, nur gering zu sein, um ein Abfallen der Hochfrequenzleistung auf einen Bruchteil derjenigen

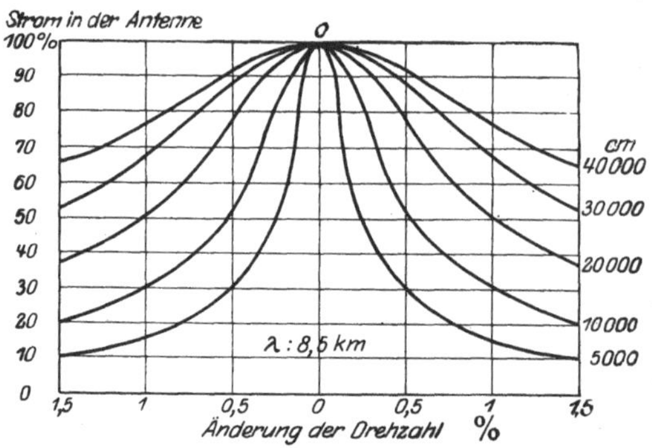

Abb. 22. Abhängigkeit des Antennenstroms von der Änderung der Tourenzahl bei der Telefunken-Hochfrequenzmaschine.

der normalen Tourenzahl zu bewirken. Ein Bild der Abhängigkeit des Antennenstroms von der Änderung der Tourenzahl der Hochfrequenzmaschine zeigt nach Rechnungen von W. Dornig Abb. 22. Wenn die Tourenänderung bei $\lambda = 8500$ m und einer Antennenkapazität Ca = 10000 cm nur $0,5^0/_0$ beträgt, ist der Antennenstrom um mehr als die Hälfte, die Antennenenergie also um mehr als den 4. Teil gefallen. Die modernen Empfänger sind jedoch derart beschaffen, daß ihre Funktion schon durch derartige kleine Variationen zum Aussetzen gebracht werden. Man ist genötigt, die Tourenschwankungen unter $0,2^0/_{00}$ zu halten.

Eine weitere Erschwernis beim Tasten mittlerer und großer Hochfrequenzenergien besteht in den hierfür nötigen großen Kontaktflächen, d. h. in der Massenbeschleunigung. Besonders für den Schnellbetrieb erschweren sich diese Forderungen erheblich.

Ein weiterer Gesichtpunkt für das Tasten mittlerer und großer Hochfrequenzenergien, der heute grundsätzliche wirtschaftliche Bedeutung hat, ist der, daß in den Tastpausen zwischen den Morsezeichen keine Energie, abgesehen von der des Leerlaufs des Maschinenaggregats, verbraucht werden darf. Hierdurch wird insgesamt etwa $50^0/_0$ der Primärenergie, d. h. ca. $50^0/_0$ Kohlen gespart.

Die Forderung, in den Tastpausen den Antennenstrom vollkommen auf 0 Ampere herabgehen zu lassen, also überhaupt keine Restenergie in der Antenne schwingen zu lassen, ist sehr wesentlich, da sonst schon beim gewöhnlichen Morsebetrieb die Tastzeichen verschwommen erscheinen können, bei Schnellbetrieb aber unter Umständen ein völliges Aussetzen des Empfangs herbeigeführt werden kann.

Die Aufgaben sind auf folgende Arten gelöst worden:

---

[1]) Bezüglich der Frage, ob der Lichtbogensender für Schnelltelegraphie überhaupt inbetracht kommt, siehe S. 7.

B. Tastschaltungen des Lichtbogensenders.

Bei den Funkensendern ist das Tasten zum Geben der Morsezeichen verhältnismäßig einfach, wenn man z. B. den Primärstrom (Speisestrom) irgendwie unterbricht.

Der Lichtbogengenerator erlaubt dieses, mindestens wenn man auf sinusförmige Schwingungen Wert legt, auch dann nicht, wenn er mit automatisch wirkender Zündeinrichtung versehen ist, da auch dann das Schwingungsphänomen durch das dauernde Auslöschen des Lichtbogens (Schwingungen 2. Art) gestört werden würde.

Infolgedessen werden beim Lichtbogengenerator nur solche Tastschaltungen inbetracht kommen, welche ein dauerndes Brennen des Lichtbogens ermöglichen.

Es sind dies:

a) Das Verstimmungssystem.
b) Das Tasten mit Tastkreis (künstlicher Antenne).
c) Tasten mit Drosselspulen.
d) Das Tasten mit Dämpfungsvariation.

a) Verstimmungstasten.

Beim Verstimmungstasten wird gemäß Abb. 23 der Taster f parallel zu einer oder mehreren Windungen einer in die Antenne eingeschalteten Spule a gelegt. Es werden demgemäß, je nachdem, ob der Taster gedrückt oder offen ist, zwei verschiedene Wellen λ_1 oder λ_2 ausgestrahlt, welche im allgemeinen nur wenig voneinander verschieden gewählt werden (meist nur ca. 1 % Wellendifferenz oder darunter). Man bezeichnet vielfach die der nicht gedrückten Taste entsprechende Welle als „negative Welle". Es ist einleuchtend, daß man, namentlich militärisch, diese negative Welle mit Vorteil zur Verbesserung der Geheimhaltung verwenden kann.

Man kann auch, wenn man mit sehr geringen Verstimmungsbeträgen tasten kann oder will (ca. $^1/_4$ %), die Anordnung ähnlich wie bei der Einrichtung zur Geheimhaltung von Telegrammen so treffen, daß man die Antennenselbstinduktionsspule durch einen mit dem Taster bedienten Kurzschlußring beeinflußt im Rhythmus der Morsezeichen und hierdurch demgemäß die Antennenselbstinduktion variiert. Der geringe Verstimmungsbetrag, also das nahe Beieinanderliegen der positiven und negativen Welle, stellt an das Abhörpersonal an der Empfangsstelle aber sehr hohe Anforderungen. Diese Anordnung ist jedenfalls für Schnelltelegraphie nicht brauchbar.

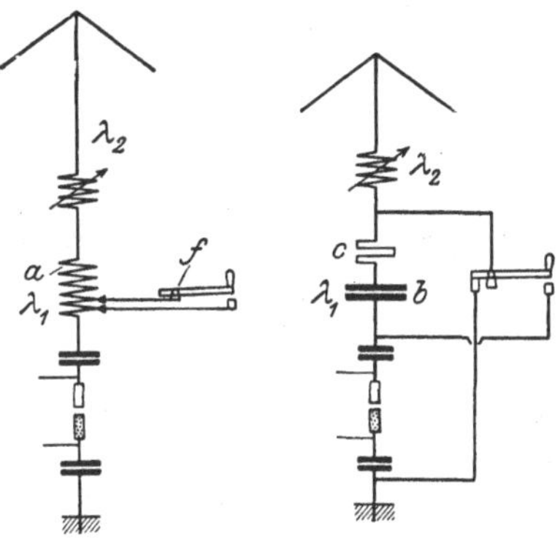

Abb. 23. Verstimmungstasten.   Abb. 24. Tasten und Tastkreis.

b) Tasten mit Tastkreis.

Beim Tasten mit Tastkreis (Abb. 24) ist die Antenne bei geöffneter Taste an einen künstlichen Antennenkreis bc gelegt, wobei der in der Abbildung gekennzeichnete Widerstand c auch fortfallen kann.

Die diesem entsprechende Wellenlänge λ_1 bei auf ihn geschalteten Lichtbogengenerator braucht nur wenig von der Hauptwelle λ_2, die bei gedrückter Taste ausgestrahlt wird, verschieden zu sein. Meist genügt ein Unterschied von $1-3\%$.

Unter Umständen kann es zweckmäßig sein, den Tastkreis (künstliche Antenne) nicht nur aus Kapazität und Ohmschem Widerstand, sondern auch noch aus einer lokalisierten Selbstinduktion bestehen zu lassen, wobei alsdann Kapazität, Selbstinduktion und Ohmscher Widerstand in Serie geschaltet werden können. Diese Anordnung kann z. B. zweckmäßig sein, wenn der Erdwiderstand verhältnismäßig groß ist. Sie hat jedoch den Nachteil, daß, um ein funkenloses Tasten zu erzielen, es meist notwendig ist, bei Wellenvariation in gewissen Grenzen ein Nachstimmen des Tastkreises zu bewirken, wodurch die Bequemlichkeit der Bedienung beeinträchtigt wird.

c) Tasten mit Drosselspulen.

Um bei nicht gedrücktem Taster keine Energie von der Antenne auszustrahlen, kann man auch eine Schaltung gemäß Abb. 25 anwenden. Hierin ist a der Lichtbogengenerator, welcher auf die mit Abstimmitteln versehene Antenne b arbeitet. In diese ist ferner noch eine eisengefüllte Drosselspule c eingeschaltet, welche zwei Wicklungen besitzt. Die eine Wicklung ist mit der Antenne b und dem Lichtbogengenerator a verbunden, die andere Wicklung ist an den Kontakt d und über eine kleine Gleichstrommaschine f an den Drehpunkt eines Morsetasters g geführt. Vom Lichtbogengenerator ist außer der Erdleitung h noch eine zweite Leitung abgezweigt. Diese ist über einen Kondensator i und evtl. eine Selbstinduktion k geführt und ist ferner mit dem einen Ende einer Wicklung einer eisengefüllten Drosselspule l verbunden, welche andrerseits geerdet ist. Die Drosselspule l besitzt noch eine zweite Wicklung, welche über Drosselspulen m mit dem Kontakt n des Morsetasters g, bzw. dessen Drehpunkt verbunden ist.

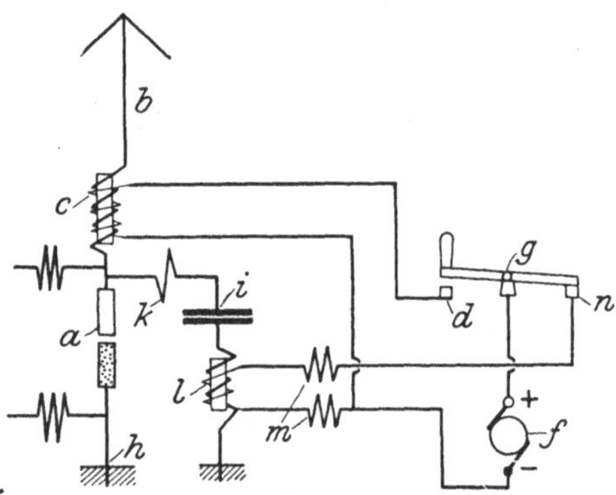

Abb. 25. Tasten mit Drosselspulen.

Die Wirkungsweise dieser Anordnung ist folgende:

Im Ruhezustand macht der Hebel des Morsetasters g mit n Kontakt, die Drosselspule l ist also gesättigt, infolgedessen wird der vom Lichtbogengenerator a erzeugte Strom über $k\,i\,l$ zur Erde abgeleitet. Die Drosselspule c ist, da der Morsetaster bei d geöffnet ist, nicht erregt, infolgedessen setzt die Drosselspule c einem vom Lichtbogengenerator a ausgehenden Strom einen entsprechenden Widerstand entgegen. Sobald jedoch der Morsetaster g herabgedrückt wird, so daß bei d der Kontakt hergestellt wird, hört die Sättigung der Drosselspule l auf, dafür wird die Drosselspule c gesättigt. Der vom Lichtbogengenerator a erzeugte Hochfrequenzstrom findet daher in l einen erheblichen Widerstand, während c ihm keinen Widerstand entgegensetzt. Der vom Lichtbogengenerator erzeugte Hochfrequenzstrom wird daher von der Antenne b ausgestrahlt.

d) Tasten mit Dämpfungsvariation.

Als zweckmäßigste Tastmethode für den Lichtbogengenerator scheint die neuerdings gefundene Tastung mit Dämpfungsvariation in der Antenne inbetracht zu kommen. Es soll hierbei der Antennenstrom durch Vergrößerung der Dämpfung beim Tasten vollkommen Null gemacht werden können, ähnlich wie beim Maschinensender, so daß in den Pausen zwischen den einzelnen Morsezeichen keine Wattenergie verbraucht wird. Im übrigen besitzt eine derartige Einrichtung natürlich noch den Vorteil, daß infolge der kleinen umzuschalteten Energiemengen ein Schnellgeben an sich ohne weiteres ermöglicht ist, da lediglich die verhältnismäßig gering zu haltenden Massen des Tasters bewegt werden müssen.

C. Tastung des Röhrensenders.

Die Tastung des Röhrensenders erfolgt wie bei der maschinellen Hochfrequenzerzeugung zwischen Leerlauf und Vollast. Vorteilhaft wird der Taster in die Anodenstromleitung, also in die Primärleitung des Hochspannungstransformators gelegt. Indessen sind namentlich auch bei kleineren Röhrensendern andere Tastschaltungen üblich, ohne daß hierdurch die Arbeitsweise des Röhrensenders, insbesondere die Wellenkonstanz, wesentlich beeinflußt würde.

D. Tastung bei maschineller Hochfrequenzerzeugung.

a) Tastung mit künstlicher Antenne (Ballastkreis).

Es ist selbstverständlich wie beim Lichtbogengenerator möglich, auf eine künstliche Antenne zu arbeiten, jedoch tritt hierbei der Übelstand ein, daß die Dimensionen der künstlichen Antenne verhältnismäßig groß werden würden. Bei der Hochfrequenzmaschine nach der Induktortype wird man allerdings diesen Übelstand in Kauf nehmen müssen, da die Selbstinduktion der Erregerspule im allgemeinen sehr groß sein wird.

In Abb. 26 ist eine derartige Tastordnung auf einen Ohmschen Widerstand w dargestellt, und zwar gibt die Abbildung auch das prinzipielle Arbeiten eines Tastrelais a in Funktion einer Handtaste b schematisch wieder. Ferner sind in der Abbildung die Hoch- bzw. Mittelfrequenzmaschine c, der Spannungstransformator d und die ersten Frequenztransformatorstufen e nebst der Gleichstromspeisung f wiedergegeben. Die Größe des Widerstandes w ist so bemessen,

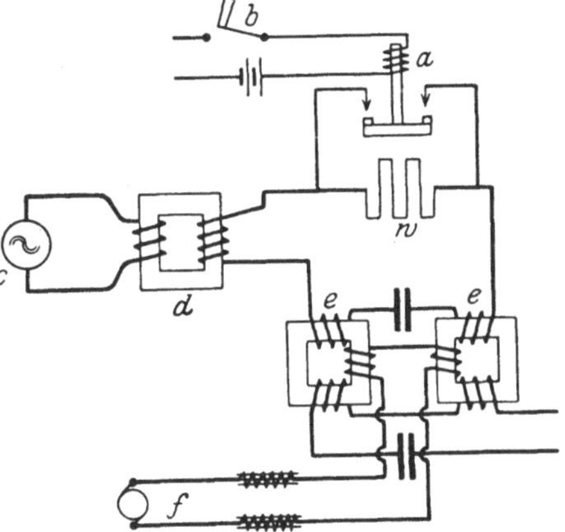

Abb. 26. Tastung auf Ohmschen Widerstand.

daß bei Einschaltung desselben eine Frequenzvervielfachung nicht mehr bewirkt wird, also bei geöffneter Taste der Antennenstrom Null ist. Angeblich war die Zeichengebung hierbei sehr scharf.

Für die Tastanordnung war nicht nur der Gesichtspunkt maßgebend, in den Tastpausen keine Energie auszustrahlen, sondern man mußte die Anordnung, um die volle Resonanz im Empfänger auszunutzen, auch so treffen, daß die Periodenschwankungen tunlichst unter $0,5\,^0/_{00}$, möglichst sogar unter $0,2\,^0/_{00}$ betragen.

Aus dieser Forderung ergab sich die Schaltung von Telefunken (W. Dornig) mit Ballastkreis. Diese Anordnung wirkt in der Weise, daß beim Tasten die Gesamtenergie nicht völlig unterbrochen wird, sondern vielmehr zwischen natürlicher Antenne und künstlicher Antenne im Morserhythmus hin und herpendelt.

Diese Aufgabe konnte z. B. dadurch erfüllt werden, daß auf die Hochfrequenztransformatoren, welche von der Mittelfrequenzmaschine gespeist wurden, außer der Primär- und Sekundärwicklung noch eine weitere Sekundär- und eine Tertiärwicklung aufgebracht wurde. Die zweite Sekundärwicklung war z. B. mit der künstlichen Antenne, welche aus Kapazität, Ohmschem Widerstand und Selbstinduktion bestand, verbunden. Die Selbstinduktion wurde ganz oder teilweise durch ein von der Handtaste betätigtes Relais kurzgeschlossen, wodurch die künstliche Antenne entsprechend verstimmt wurde. Andererseits war in den die erstere Sekundärspule enthaltenden Kreis gleichfalls eine Selbstinduktionsspule eingeschaltet, welche durch ein von der Handtaste betätigtes zweites Relais bedient wurde. Durch Betätigung der Handtaste im Morserhythmus wurde also abwechselnd das eine oder andere Relais geschaltet und damit die künstliche oder die natürliche Antenne verstimmt, wodurch der betreffende verstimmte Kreis keine oder nur eine sehr geringe Hochfrequenzenergie aufnehmen, bzw. ausstrahlen konnte.

b) Vollast-Leerlaufstastanordnung mit Tasttransformator von Telefunken.

Die obige Ballastkreistastung mußte, obwohl bei ihr der Vorteil vorhanden war, daß die Relaiskontakte verhältnismäßig wenig feuerten, aus ökonomischen Gründen wegen zu großen Energieverbrauches verlassen werden, da die Maschine dauernd mit Vollast arbeitete.

Man ging auf die Vollast-Leerlaufsanordnung über, welche in Abb. 27 schematisch dargestellt ist. Die Hochfrequenzerzeugung mittels ruhender Transformatoren ist rechts in der Abbildung anzunehmen.

Das Wesentliche dieser Schaltung besteht in der Benutzung eines besonderen Tasttransformators (Tastdrossel), der in zwei primär und sekundär in Serie geschaltete Hälften geteilt ist, und wobei sich auf jeder Transformatorhälfte noch je eine kleine Wicklung befindet, die gegeneinander geschaltet sind. Diese Hilfswicklungen werden von Gleichstrom durchflossen, der mittels kleiner Relais im Morserhythmus die Permeabilität des Eisens ändert und somit den Schwingungskreis, entsprechend den Morsezeichen und Pausen, einstimmt oder verstimmt.

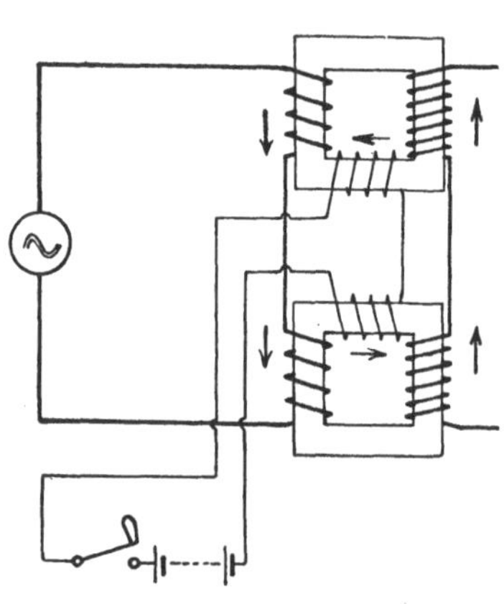

Abb. 27. Vollast-Leerlaufs-Tastanordnung mit Tasttransformator von Telefunken.

c) Tastdrosselschaltung von M. Osnos (Telefunken).

Für die Betätigung des 500 kW Maschinensenders in Nauen wird von Telefunken jetzt nur noch die Tastdrosselschaltung von M. Osnos[1]) (1914) verwendet. Das Schema der Anordnung ist aus Abb. 28 ersichtlich. Auf zwei Eisenkerne a und b ist je eine Wechselstromwicklung c aufgewickelt, derart, daß, um eine bessere Verkettung des Kurzschlußstromes mit dem primären Wechselstrom zu erhalten, mit anderen Worten, um jede Streuung zwischen diesen Wicklungen zu vermeiden, eine sog. „Kreuzschaltung" benutzt ist, bei welcher die primäre und die sekundäre Wicklung miteinander vereinigt sind. Über

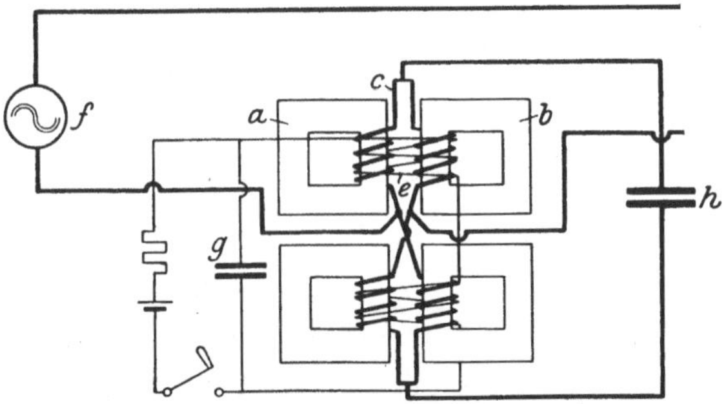

Abb. 28. Tastdrossel von M. Osnos.

beide Wechselstromwicklungen c ist eine beide umschließende Gleichstromwicklung e gelegt. Die beiden Wechselstromwicklungen c sind in Serie geschaltet, so zwar, daß, wenn eine Wicklung ein Feld erzeugt, das dem Feld der Gleichstromwicklung gleichgerichtet ist, die andere Wicklung ein Feld in entgegengesetzter Richtung erzeugt, wodurch die Hervorrufung einer Spannung primärer Periodenzahlen in der Gleichstromwicklung vermieden wird. Die Osnosdrossel wird so einreguliert, daß bei größter Gleichstromstärke ihr Selbstinduktionswert mit dem übrigen Kreiskonstanten die Abstimmung ergibt, während bei unterbrochenem bzw. geschwächtem Gleichstrom die Abstimmung aufgehoben ist. Vom Standpunkt der Schnelltelegraphie ist es nicht ohne Einfluß, in welchen Kreis die Tastdrossel gelegt wird. Je näher sie dem Antennenkreise rückt, um so kleiner kann sie gemacht werden und um so kleiner wird vor allen Dingen ihre Zeitkonstante, so daß für die höchsten Leistungen nach Kilowatt und Wortzahl die Einschaltung in die Antenne am vorteilhaftesten ist. Ungünstig aber gestaltet sich die Einschaltung in den Antennenkreis vom Standpunkte der bei offener Taste schwingenden Energie. Wird die Drossel in den Maschinenkreis eingeschaltet, so bleiben in der Telegraphierpause alle Kreise ausgenommen des Maschinenkreises stromlos. Wird sie in der Antenne eingeschaltet, so wird nur diese stromlos.

Der die Tastdrossel enthaltende Stromkreis wird, da man den Widerstand nicht unendlich groß machen kann, stets einen wenn auch möglichst kleinen

---

[1]) Die Frage der Tastdrossel scheint ein patentrechtlich noch scharf umkämpftes Gebiet zu sein. Zu einer vollen Würdigung wäre genaue Kenntnis der Akten und Prüfung der Prioritätsdaten erforderlich. Unabhängig hiervon bin ich der Meinung, daß, wie auch sonst in der Technik, derjenige als der Erfinder anzusehen ist, der den Gegenstand in der Praxis eingeführt hat. Dies ist im Falle der Tastdrossel offenbar M. Osnos gewesen.   Der Verfasser

Reststrom aufweisen. Um diesen tunlichst klein zu halten, schaltet Telefunken die Tastdrossel vor die Frequenztransformatoren, möglichst direkt hinter der Maschine f in Abb. 28 ein, wodurch der Vorteil erreicht wird, daß nicht nur der Antennenstrom, sondern auch der Strom in den Frequenztransformatoren in den Telegraphierpausen auf Null herabgeht. Bei der Anordnung in Nauen wird der Antennenstrom Null, während die Motorleistung auf ein Drittel zurückgeht, was bisher auf keiner anderen Hochfrequenzmaschinenstrom-Station erreicht worden ist.

Wie aus Abb. 28 hervorgeht, ist bei der Telefunkenanordnung die Tastdrossel mit der Maschine in Serie geschaltet, wodurch eine größere Empfindlichkeit der Anordnung und kleinere Drosseldimensionen erzielt werden sollen, als wenn die Drossel parallel zur Maschine gelegt wird, wie dies von

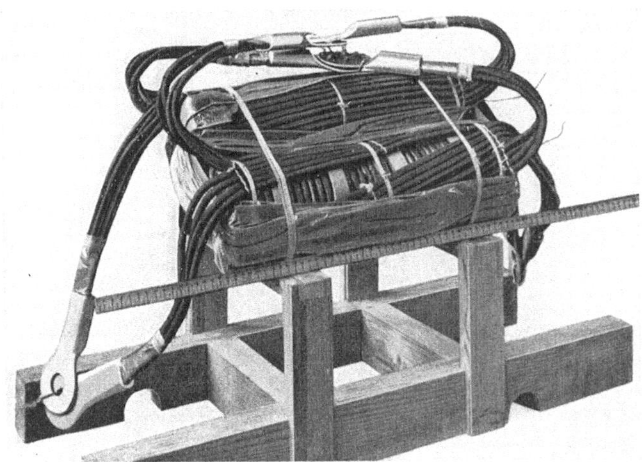

Abb. 29. Ansicht der Osnosdrossel.

Alexanderson bei seiner der Osnosdrossel ähnlichen Anordnung (1916) bewirkt wird. Die von Alexanderson für die Seriendrosselanordnung befürchtete Labilität hat sich bei der Telefunkenanordnung bisher nicht gezeigt.

Die Kondensatoren g und h in Abb. 28 sind Blockkondensatoren von einigen Mf.

Die verhältnismäßig geringen Dimensionen der Osnosdrossel sind aus Abb. 29 ersichtlich. Das Gewicht der Drossel ist für einen 400 kW-Sender relativ nur gering. Der Energieverlust in der Drossel beträgt ca. $1/2\%$ der Maschinenleistung, der Gleichstromverbrauch für die Magnetisierung der Drossel ist etwa 300 Watt.

E. Tastrelais (Taster).

a) Lichtbogensender.

Beim Lichtbogensender liegen die Verhältnisse naturgemäß am ungünstigsten. Das Tastrelais muß relativ große Energiebeträge steuern. Infolgedessen werden auch die zu bewegenden Massen groß; ein solches Relais kann nicht rasch arbeiten.

Beim Pedersenschen Schnellgeber ist zwar dieser Übelstand vermieden. Dafür wird aber hierbei nur mit Verstimmung sehr geringer Wellendifferenzen zwischen positiver und negativer Welle getastet, was für einen praktischen Schnellbetrieb, insbesondere bei einer Häufung der Stationen ausgeschlossen erscheint.

b) Röhrensender.

Die Tastung ist beim Röhrensender ganz unverhältnismäßig günstiger. Abb. 30 zeigt ein Tastrelais von Telefunken, welches unter allen Umständen genügt, da mit ihm der Gitterkreis bei größeren Leistungen das Gitter des

Abb. 30. Tastrelais von Telefunken.

Steuersenders getastet wird. Für größere Energien wird ohnedies ein Steuersender benutzt, welcher erst den eigentlichen Hauptsender tastet.

Das Relais nach Abb. 30, welches auch zum Tasten mit der Tastdrossel dient und wobei als Vorrelais das normale Siemens-Telegraphen-Relais dient, entspricht der Ausführung und den Anforderungen nach Abb. 2, S. 10.

c) Maschinelle Hochfrequenzerzeugung nach Telefunken.

Noch einfacher und nahezu ideal gestaltet sich der Tastverkehr bei der Telefunken-Maschinenanordnung, wobei die Osnosdrossel getastet wird. Hier genügt das gewöhnliche Siemens-Telegraphenrelais. Dieses wird direkt durch den Schnellgeber bestätigt und steuert die Osnosdrossel (siehe Abb. 28, S. 27) des Maschinensenders. Da die Masse der bewegten Teile ein Mindestmaß darstellt, sind, soweit es auf das Relais ankommt, Wortgeschwindigkeiten von mehreren Hundert pro Minute möglich.

Die Ausbildung des Tastverfahrens für Nauen ist in der Weise erfolgt, daß für jeden der Sender nur eine Drahtleitung benutzt wird und daß die Erde als Rückleitung dient. In der Verkehrsleitungsstelle wird der Taststrom von etwa 15 MA. aus dem 220 Voltnetz entnommen. Durch Potentiometeranordnung liegt an der Taste eine Spannung von 50 Volt. Da mit Ruhestrom gearbeitet wird, läßt sich erkennen, ob die Leitungen in Ordnung sind. Indessen scheint für Schnellbetrieb diese Potentiometeranordnung wegen der großen Zeitkonstante des benutzten Kabels noch Mißstände aufzuweisen, da manchmal Punkte nicht richtig herauskommen.

F. Indikation und Konstanthaltung der Tourenzahl des Antriebmotors bei der maschinellen Hochfrequenzerzeugung.

Während es bei den Lichtbogen- und Röhrensendern nicht notwendig ist, Speisestrom und Spannung vollkommen konstant zu halten, macht dies bei der maschinellen Hochfrequenzerzeugung erhebliche Schwierigkeiten, da in jedem Netz, an das der Hochfrequenz- oder Mittelfrequenzgenerator angeschlossen ist, mehr oder weniger große Spannungs- und Periodenschwankungen auftreten. Diese müssen erstens angezeigt und zweitens sofort beseitigt werden. Für die Beseitigung können im wesentlichen dieselben Mittel angewendet werden, welche bei der Tastung von maschinellen Hochfrequenzsendern benutzt werden, wobei jedoch die Beseitigung einer Tourenzahlvariation, wie gesagt, sofort nach ihrem Entstehen erfolgen muß, um praktisch eine Konstanthaltung der Tourenzahl herbeizuführen.

Die Methoden zur Indikation und zum Ausgleich der Netzschwankungen sind im wesentlichen folgende:

a) Indikation der Tourenzahl der Hochfrequenzmaschine und Mittel zur entsprechenden Beeinflussung der Tourenzahl des Motors.

Indikationseinrichtungen für Tourenschwankungen:

    1. nach Alexanderson,
    2. nach Riegger.

Ein auf die zu erhaltende Frequenz abgestimmter Resonanzkreis ist mit der Maschine lose gekoppelt. Aus ihm wird über eine Gleichrichterröhre Gleichstromenergie entnommen und zur Betätigung eines Gleichstromrelais benutzt. Das Gleichstromrelais arbeitet auf die Regulierungsvorrichtung für den Motor. Die Abstimmung dieses Kreises erfolgt nicht genau auf Resonanz, sondern bleibt auf der etwa in der Mitte des aufsteigenden Astes der Resonanzkurve. So erhält das Gleichstromrelais bei richtiger Frequenz einen mittleren Gleichstrom, dessen Größe bei Annäherung auf die Resonanz ansteigt und bei Entfernung von der Resonanz abfällt. Diesen Stromänderungen von einem Mittelwert nach oben und unten entspricht das Umschlagen der vom Gleichstrom betätigten Relaiszunge auf eine Stellung, welche entweder eine Beschleunigung oder eine Verlangsamung des Motors bedeutet.

b) Phasensprungmethode von Riegger (Siemens & Halske A.-G.).

Eine allen praktischen Erfordernissen in bester Weise Rechnung tragende Methode ist die sog. „Phasensprungmethode" von Riegger (Siemens & Halske A.-G.). Betrachtet man die Änderung der Stromphase des in einem Resonanzsystem induzierten Stromes in der Nähe der Resonanzstellung selbst, so erhält man ein Bild, etwa Abb. 31 entsprechend. Kurz vor und hinter der Resonanzlage tritt eine außerordentlich starke Phasenänderung ein. Diese wird unter Benutzung eines kleinen Röhrensenders zur Betätigung von Relais für die Konstanthaltung der Tourenzahl verwendet. Die Schaltungsanordnung entspricht Abb. **32**. Es ist hieraus ersichtlich, daß 2 Röhren *a* und *b* Verwendung finden, welche derart geschaltet sind, daß ihre Gitter die Spannung des Resonanzkreises *c* erhalten, während die Kathoden und Anoden an der Spannung der Hochfrequenzmaschine *d* liegen. Ferner sind in die Anodenleitungen die Spulen *e* und *f* eines Differentialgalvanometers eingeschaltet, welches direkt den Relaiskontakt *g* betätigt. Bei Resonanz und 90 Grad Phasenverschiebung im Resonanzkreise liegt die Spannung am Gitter; bei der einen Röhre, z. B. *a* um 90 Grad vor, bei der anderen Röhre *b* hinter der Anoden-Kathodenphase. Die Anodenströme sind daher gleich groß, aber entgegengesetzt

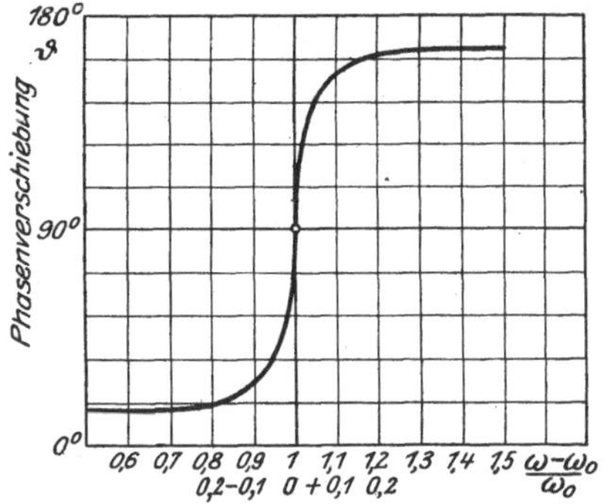

Abb. 31. Änderung der Stromphase in der Nähe des Resonanzpunktes.

gerichtet, so daß das Relais *g* in Ruhe bleibt. Bei Änderungen der Phase in der einen oder andern Richtung wird die Symmetrie gestört, und es verbleibt ein resultierender Anodengleichstrom nach der einen oder anderen Richtung. Hierbei ist der Anodenstrom von der tatsächlichen Größe der

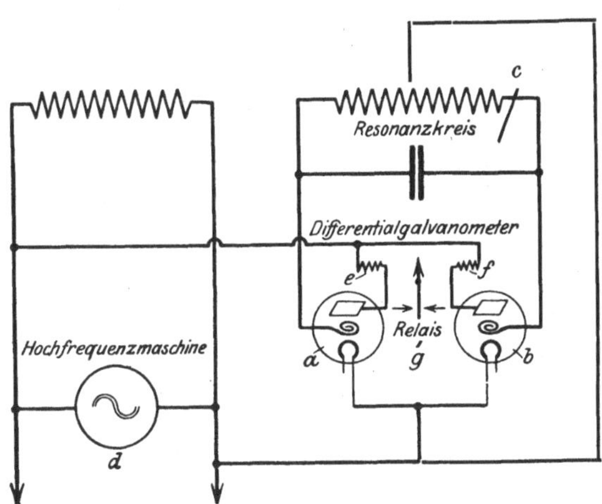

Abb. 32. Phasensprungschaltung nach Riegger.

Anodenspannung unabhängig, so daß auch bei Variation der Klemmspannung des Generators *d* die Anzeigung richtig bleibt. Unter Benutzung größerer Röhren *a* und *b* ist die für die Betätigung des Relais *g* zur Verfügung stehende Energie genügend groß, so daß eine sichere Kontaktgebung gewährleistet ist. Die Methode ist so empfindlich, daß eine Abweichung der Frequenz von 0,2 % noch sicher angezeigt wird, und daß die durch automatische Korrekturen beeinflußten Umdrehungsschwankungen nicht größer sind als 0,4 %.

c) Automatische Tourenkorrektion von J. Zenneck.

Während die vorgenannten Methoden immerhin noch den praktisch allerdings unbedeutenden Übelstand besitzen, stoßweise zu arbeiten, indem z. B. Widerstände geschlossen oder geöffnet werden, besitzt die nachstehende Zusatzschlupfmethode von J. Zenneck den Vorteil, eine kontinuierliche Beeinflussung des Drehmomentes herbeizuführen. Nach Zenneck wird dem die Hochfrequenzmaschine antreibenden Drehstrommotor ein zusätzlicher Schlupf erteilt und die Tourenzahl der Maschine wird vor den Resonanzpunkt der Antennenresonanzkurve gelegt. Wenn die Periodenzahl im Netz zunimmt, also der Motor schneller läuft, gerät der Hochfrequenzgenerator mehr und mehr in die Antennenresonanz hinein, und die Leistung steigert sich durch entsprechend größere Stromabgabe, was automatisch bremsend wirkt. Bei abnehmender Periodenzahl wird der Motor automatisch entlastet, und die Korrektur stellt sich selbsttätig ein. Je schärfer die Resonanzkurve ist, auf die der Generator arbeitet, um so größer ist die Tourenkonstanz. Diese Einrichtung ist von Zenneck in der Großstation Sayville der Telefunken-Gesellschaft 1915 eingeführt und mit gutem Erfolge benutzt worden.

IV. Die Schnelltelegraphie-Sender.

A. Der Wheatstone-Sender.

Für einen anstandslosen F. T.- Telegraphierverkehr ist die Grundbedingung, daß die Morsezeichen, also Punkte und Striche, absolut exakt gegeben werden. Für niedrige Wortgeschwindigkeiten, also solche bis zu höchstens 30 Worten pro Minute (das Wort zu je 5 Buchstaben gerechnet) läßt sich durch geeignetes Personal dieses genau so wie in der Drahttelegraphie auch während längerer Zeiträume von Hand aus bewirken. Sofern man jedoch die Wortzahl steigern will, also zu einem wirklichen Schnellverkehr übergeht, liegt die Gefahr vor, daß die Zeichen an der Gebestelle ungleichmäßig werden, sich verwirren und unexakt vom Sender ausgestrahlt werden. Zufälligerweise liegt übrigens auch beim Empfang für den Hörer die obere Grenze bei 30 Wörtern pro Minute.

Um demnach einen Schnellverkehr verwirklichen zu können, ist man gezwungen, auf maschinelle Anordnungen für Senden und Empfang überzugehen. Man ist gezwungen die Nachteile, die sich dabei ergeben mit in Kauf zu nehmen: Von dem vom Absender aufgegebenen Telegramm muß ein Lochstreifen hergestellt werden; dieser muß durch den Maschinentelegraphen gejagt werden, was allerdings sehr schnell geschieht, aber an der Empfangsstelle muß rückwärts der in Kurvenschrift oder dgl. erscheinende Empfangstreifen in gewöhnlicher oder Druckschrift übersetzt werden. Nur beim Schnelldrucker ist dies nicht mehr nötig. Die Aufgabe des Telegramms erfordert also gewisse Vorbereitungsarbeiten.

Derartige Einrichtungen sind schon ziemlich frühzeitig in der Drahttelegraphie von Ch. Wheatstone (1858) angegeben worden, welche auch heute noch mit geringfügigen Abänderungen dauernd in Benutzung sind. Ähnliche Apparate folgten viel später von A. Pollak und F. Virag (1898) (liefert direkte Schriftzüge), F. G. Creed (1902), Ch. L. Buckingham (1902), D. Murray (1904). Der von Wheatstone angewendete Kunstgriff besteht in einem mit gestanzten Löchern versehenen Papierstreifen, welcher die Schnellgeberkontakte in Tätigkeit setzt. Ein Schema des Lochstreifens ist in Abb. 33 wiedergegeben. Der Streifen weist 3 Reihen

von Löchern auf. Die mittleren kleinsten Löcher[1]), welche einen ganz gleich-
mäßigen Abstand voneinander besitzen, dienen nur zum Transport des Lochstreifens mittels eines kleinen gestanzten Rades a (sog.
Sternrades in Abb. 35). Um nun die Morsepunkte
auszuführen, sind genau untereinander stehende Löcher
e angeordnet, während der Morsestrich durch die Lochkombination ff aus Abb. 33 hervorgeht. Tatsächlich
ist nun der Abstand von Punkt und Strich nicht so
groß wie in Abb. 33 gezeichnet, sondern entspricht
vielmehr dem Streifen gemäß Abb. 34, welches das
Wort berlin wiedergibt.

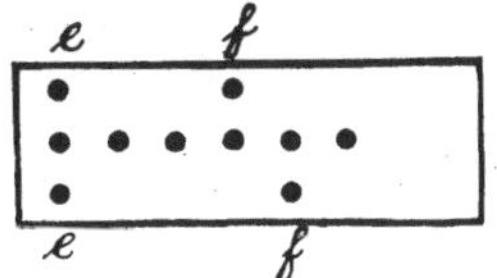

Abb. 33. Schema des
Wheatstone-Loch-
streifens.

Unter Benutzung derartiger Lochstreifen, welche früher mittels einfacher
von Hand betätigter Lochapparate hergestellt wurden, bei denen 3 Tasten vorgesehen waren, deren eine die Morsepunkte, die zweite die Zwischenräume
und die dritte die Morsestriche lieferte, welche durch je eine Stanze erzeugt
werden, kann nun der eigentliche Schnellgeber betätigt werden.

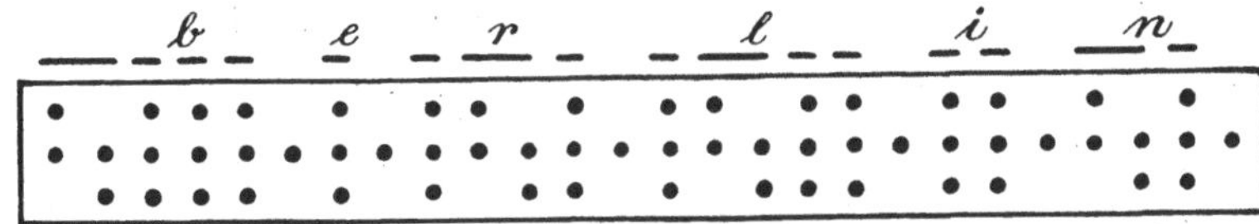

Abb. 34. Wheatstonescher Lochstreifen.

Da an sich das Arbeiten mit den Handstößeln verhältnismäßig langwierig
ist und selbst bei größerer Übung des Beamten erhebliche Zeit in Anspruch
nimmt, kann man, um ein rasches Heraussenden des Telegramms zu bewirken,
das Telegramm in mehrere Teile zerschneiden und gleichzeitig von verschiedenen
Beamten in Lochstreifen
überführen lassen, welche
alsdann zusammengesetzt
werden und den Schnell-
geber rasch passieren.
(Über die Wheatstone-
stanzschreibmaschine von
Siemens & Halske siehe
weiter unten S. 37).

Die wesentlichstenTeile
eines derartigen Wheat-
stoneschen Schnellgebers
sind in Abb. 35 darge-
stellt. Zum Weitertrans-
port des Lochstreifens b
dient das schon erwähnte

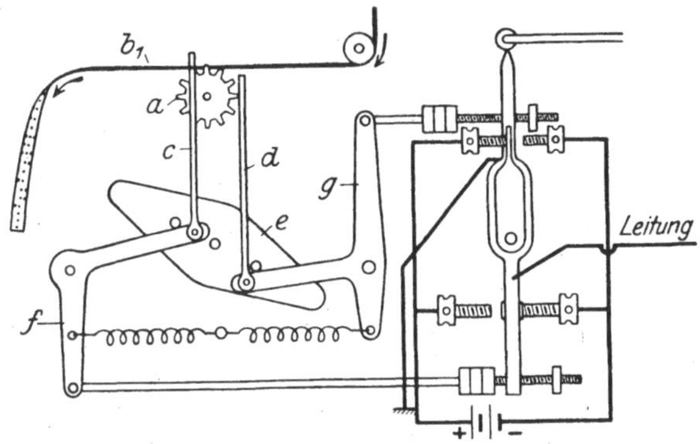

Abb. 35. Prinzip des Wheatstone-Schnellgebers.

Sternrad a, welches in die mittlere Lochreihe eingreift. Ferner aber sind
zwei Kontaktstifte sog. „Stößer" c und d vorgesehen, welche einerseits
durch einen Schwingbalken e auf- und abwärts bewegt werden, andererseits
Hebelanordnungen f und g betätigen, die ihrerseits die elektrischen Impulse
(rechts in der Abbildung) auslösen. Wenn sich über den Stößern c und d
nicht gelochtes Papier befindet, so stoßen sie nur gegen den Papierstreifen,
ohne daß jedoch hierdurch die Hebel f und g eine elektrische Auslösung

---

[1]) In Abb. 33 u. 34 sind irrtümlicherweise die mittleren Löcher ebenso groß wie die
Randlöcher dargestellt.

bewirken können. Sobald sich jedoch in dem Lochstreifen über dem einen oder beiden Stößern ein Stanzloch befindet, so fährt der in seinem Durchmesser etwas geringer als das Loch gehaltene Stößer durch ersteres hindurch, und der betreffende Hebel f und g oder auch beide werden betätigt. Beim Morsepunkt (e in Abb. 33) erfolgt die Betätigung der Hebel gleichzeitig, beim Morsestrich (f in Abb. 33) nacheinander. Sobald der Buchstabe beendet ist, treffen die Stößer bei ihrer Auf- und Abwärtsbewegung wieder auf nicht gestanztes Papier, und eine elektrische Betätigung der Linie oder des drahtlosen Senders hört auf. Ein großer drahtloser Vorteil des mit Lochstreifen arbeitenden Maschinensenders besteht darin, daß weniger Verstümmelungen der übertragenen Signale vorkommen, als beim Handsenden.

B. Schnellgeber von P. O. Pedersen.

Fußend auf dem Wheatstonesender hat P. O. Pedersen und Schou (1910) für den Poulsenschen Lichtbogensender den im folgenden beschriebenen Schnellsender konstruiert. Bei diesem wurde das Prinzip des Tastens mit Verstimmung von sehr geringem Betrage (siehe Abb. 23, S. 23) — also Ausstrahlung von zwei Wellen, von denen die eigentliche Sendewelle etwas länger oder kürzer als die in Ruhestellung ausgestrahlte Welle ist — angewendet, und der Schnellgeber arbeitet mit einer Wortzahl bis etwa 100 in der Minute ganz befriedigend. Allerdings macht es Schwierigkeiten, den hierbei benutzten vorgelochten Papierstreifen, auf welchem das von der Schnellgebereinrichtung auszulösende Telegramm gelocht ist (siehe Abb. 36), mehrere Male

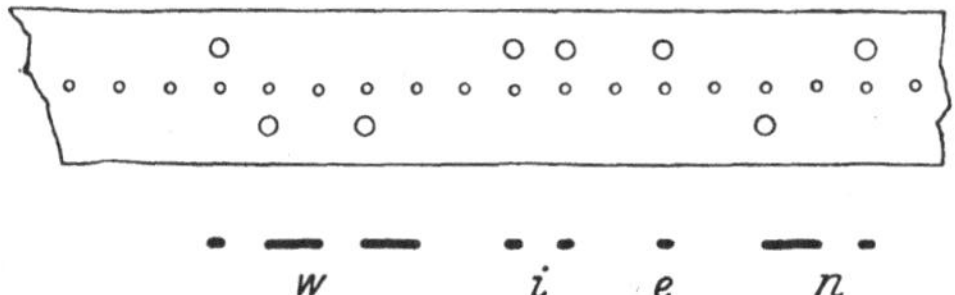

Abb. 36. Telegrammpapierstreifen für den Schnellgeber von P. O. Pedersen.

hintereinander durch den Apparat laufen zu lassen. Das Papier erfährt leicht Veränderungen, insbesondere Längungen durch Feuchtigkeitseinflüsse, welche teils eine Beschädigung, insbesondere ein Einreißen desselben herbeiführen, teils aber auch die Sendezeichen unwirksam oder gar nicht auslösen lassen können. Man könnte selbstverständlich diese Schwierigkeit umgehen, wenn man ein biegsames, nicht wesentlich von Feuchtigkeitseinflüssen abhängiges bandförmiges Material ausfindig machen könnte, welches sich leicht lochen und an Stelle von Papierstreifen verwenden läßt, wozu sich evtl. dünnes bandförmiges Fiber eignet.

Der Schnellgebermechanismus ist in einer teils schematischen, teils den wirklichen Verhältnissen angepaßten Schnittzeichnung in Abb. 37 wiedergegeben. Der vorgelochte Papierstreifen a ist auf die mit kleinen Stiften b versehene Führungsrolle c b aufgelegt. Durch Drehung der Führungsrolle wird also der vorgelochte Streifen a mitbewegt. Sobald nun das einem Morsepunkt (links vom Führungsstift b) oder die einem Morsestrich entsprechenden Löcher (rechts vom Führungsstift b) in der obersten Lage die Rolle passieren, wird ein bis dahin den Papierstreifen zurückgehaltener, oben abgerundeter Stift d mittels einer kleinen Drahtfeder e nach oben gedrückt.

Durch diese Aufwärtsbewegung wird aber eine kleine, in dem Stift d vorgesehene Ausfräsung für das Einschnappen eines langen Bolzens f freigegeben. Der Längsbolzen bewegt sich also in der Richtung auf den Führungsstift zu, getrieben durch eine kleine Blattfeder g, welche an einer Trommel h befestigt ist. Infolge dieser Seitenbewegung des Längsbolzens f wird aber weiterhin ein durch eine Blattfeder i nach außen strebender Kontaktstift k

freigegeben, welcher vordem durch eine Ausfräsung von dem Längsbolzen *f* festgehalten war und nach seiner Freigabe zwischen den Federn *l* und *m* Kontakt macht. Hierdurch wird aber der Hochfrequenzstrom nicht eigentlich geschlossen, sondern es sind *l* und *m* einerseits nur Vorkontakte, während der eigentliche Schluß durch das mit den Federn *l* und *m* in Serie liegende, mit leitenden und nicht leitenden Lamellen versehene Kommutatorradpaar *n o* bewirkt wird. Umgekehrt wird der Hochfrequenzstrom erst vom Radkontaktpaar *n* und *o* unterbrochen und dann erst von den Kontaktfedern *l* und *m*, da die letzteren, um stets guten Kontakt zu gewährleisten, tadellos sauber erhalten bleiben müssen.

Wenn auf diese Weise ein Morsepunkt gegeben wird, so erfolgt das Strichgeben in genau derselben Weise durch das Radpaar *p*, nur mit dem Unterschied, daß der dem Strich entsprechende Kontaktweg auf dem Radpaar *p* und auf den Kontaktfeldern *u v* doppelt solange bemessen ist, insbesondere der Punktweg.

Wenn die Erzeugung der Punkte oder Striche derartig erfolgt ist, so ist es notwendig, die Stifte und Bolzen wieder in den Ruhezustand zurückzuführen, damit ein neues

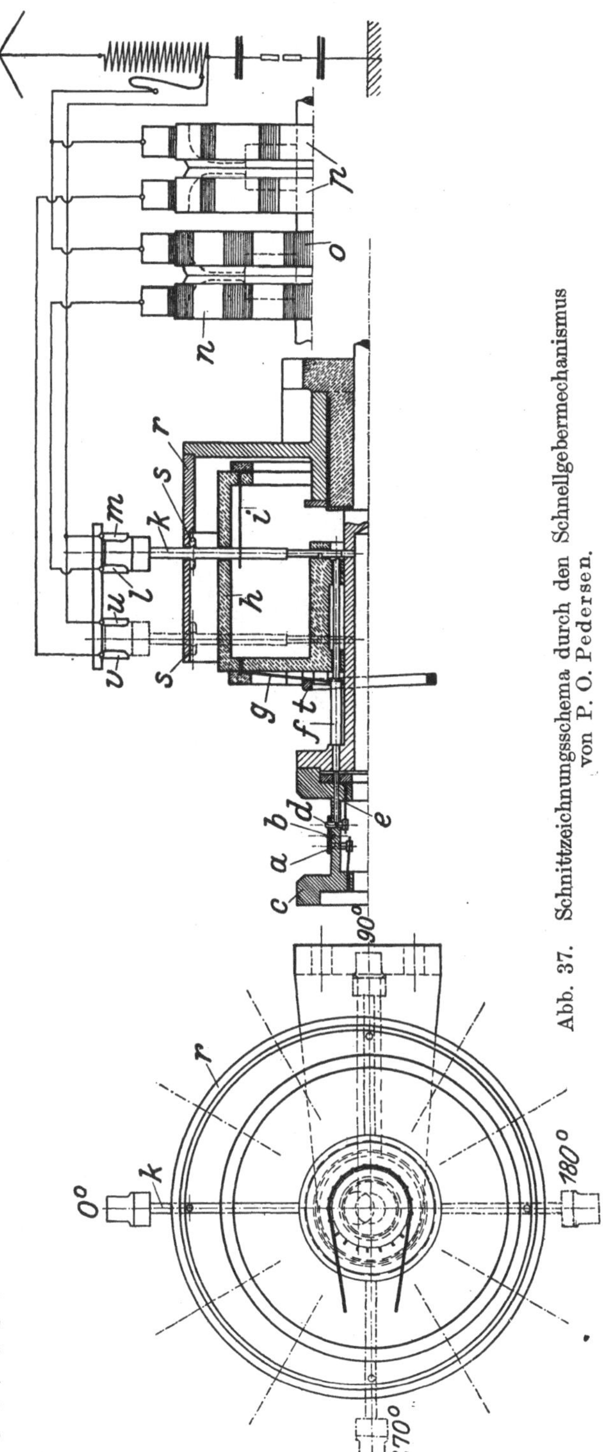

Abb. 37. Schnittzeichnungsschema durch den Schnellgebermechanismus von P. O. Pedersen.

Morsezeichen gegeben werden kann. Zu diesem Zweck ist zunächst eine exzentrische Trommel r vorgesehen, welche auf kleine Querbolzen s drückt, die in den Kontaktstiften k angebracht sind. Sobald die Trommel h einen Teil ihres Umfanges von 0^0 an gerechnet zurückgelegt hat, wird allmählich durch die Exzentertrommel r mittels jeder der Querbolzen s jede der beiden Kontaktstifte k nach der Mitte hin gedrückt. Dieses ist zum Teil schon in der 90^0-Stellung, vollständig jedoch in der 180^0-Stellung erreicht. Der Kontaktstift k ist alsdann vollständig hereingedrückt. Es kann infolgedessen der Längsbolzen f in der Einfräsung von k einschnappen, was bewirkt wird durch einen schräg zur Achse aufgesetzten Ring t, welcher in der 180^0-Stellung gegen die Feder g maximal drückt, wodurch also der Längsbolzen f sich in der Abbildung nach rechts bewegt, also der Stift d, bzw. a freigegeben

Abb. 38. Schnellgeber von P. O. Pedersen, bestehend aus Führungsrolle, Trommeln und Kontaktrolle.

und durch den Druck des Papierstreifens gegen die Achsenmitte zu gedrückt wird. Die Stifte sind alsdann für die neue Morsezeichenstellung vorbereitet.

Eine photographische Ansicht des Schnellgebers in älterer Ausführungsform ist in Abb. 38 wiedergegeben, und zwar ist die Lage des Führungsrades der Kontaktstifte und der Kontaktradpaare umgekehrt wie in der Schnittzeichnung.

C. Schnellgeber für Handbetrieb von P. Floch.

Wenn es nicht erforderlich ist, auf Wortzahlen von 100 Worten in der Minute zu kommen, man sich vielmehr mit etwa 40 Wörtern pro Minute begnügen kann, ist es nicht notwendig, den immerhin etwas komplizierten motorisch angetriebenen Mechanismus von Pedersen und Schou anzuwenden, sondern man kommt alsdann auch mit einer Einrichtung für Handbetrieb von P. Floch aus, von welcher Abb. 39 ein Beispiel wiedergibt. Diese sehr einfache Anordnung besteht in folgendem:

Der fertig vorgelochte Streifen ist auf die rechts in der Abbildung erkennbare Trommel aufgewickelt. Von dort geht er auf ein Führungsrad (in der Mitte links erkennbar) und wird mittels kleiner, auf dem Rad angebrachter Führungsstifte und der auf dem Streifen hierfür vorgesehenen Löcher über das Führungsrad, welches unter Zwischenschaltung eines ins Schnelle gehenden Übersetzungsgetriebes von Hand gedreht wird, geleitet. Auf dem Rad liegt ein kontaktmachender, mit einer kleinen Rolle versehener Hebel auf. Kommt diese Kontaktrolle durch ein Loch des Papierstreifens, welches einem Punkt entspricht, mit dem Führungsrad in Berührung, so wird ein Ortstrom geschlossen und ein die eigentliche Kontaktgebung bewirkendes, hinter der Anordnung angebrachtes Relais eingeschaltet. Soll ein Strich gegeben werden, so ist das Loch, entsprechend der Länge des Striches lang ausgeführt.

Abb. 39.   Schnellgeber für Handbetrieb
von P. Floch.

Zwischen den Punkten und Strichen wird die Rolle durch den Papierstreifen vom Kontaktrad abgehoben, und das Tastrelais arbeitet während dieser Zeitmomente nicht.

Auch die Funktion dieses Apparates hängt von der Festigkeit des Papierstreifens in hohem Maße ab, insbesondere da zwischen Kontaktrolle und Führungsrad eine wenn auch geringfügige Funkenerscheinung eintreten wird, welche außer der erheblichen Beanspruchung des Papierstreifens noch eine obschon leichte Verbrennung desselben herbeiführen wird.

D. Der Siemens-Schnelltelegraphensender.

a) Entwicklung des Siemens-Schnellsenders.

Die höchste Stufe mechanischer Vollendung und größter Präzision auf dem Gebiete der Schnelltelegraphen stellt heute der Siemenssche Drucktelegraph dar, welcher fertig gedruckte Empfangsstreifen liefert, die direkt auf Telegrammformulare aufgeklebt und dem Empfänger ausgehändigt werden können. Der Apparat ist hervorgegangen aus einem Schnelltelegraphensystem (W. v. Siemens, A. Franke, Thomas, E. Ehrhard 1902), bei welchem noch photographische Empfangstreifen benutzt wurden. Gewisse Unzulänglichkeiten, welche dieser Anordnung, die bereits bis zu 2000 Zeichen pro Minute erzielen ließ, anhafteten, insbesondere einige Schwierigkeiten bei der Erledigung von Rückfragen, führten auf die jetzt vorliegende moderne Konstruktion von 1912.

Beim Siemens-Schnelltelegraphen wird ebenso wie bei den Vorgängern ein gelochter Papierstreifen benutzt.

b) Schreibmaschinenlocher und Lochstreifen.

Dieser Streifen wird aber nicht durch einzelne Handstößel, sondern vielmehr durch einen Tastenlocher, welcher in Schreibmaschinenform ausgebildet ist, hergestellt. Abb. 40 zeigt den Schreibmaschinenlochapparat mit abgenommenem Schutzkastendeckel. Er besitzt eine den gewöhnlichen Schreibmaschinen genau angepaßte Tastatur, so daß er ohne weiteres von jedem Schreibmaschinisten bedient werden kann. Die Betätigung erfordert keinerlei Kräfteanstrengung,

Abb. 40. Schreibmaschinenlocher von Siemens & Halske A.-G. mit abgenommenem
Schutzkastendeckel.

da das Lochen auf elektromagnetischem Wege gemäß schematischer Ansicht nach Abb. 41 ausgeführt wird. Durch Niederdrücken der betreffenden Taste,

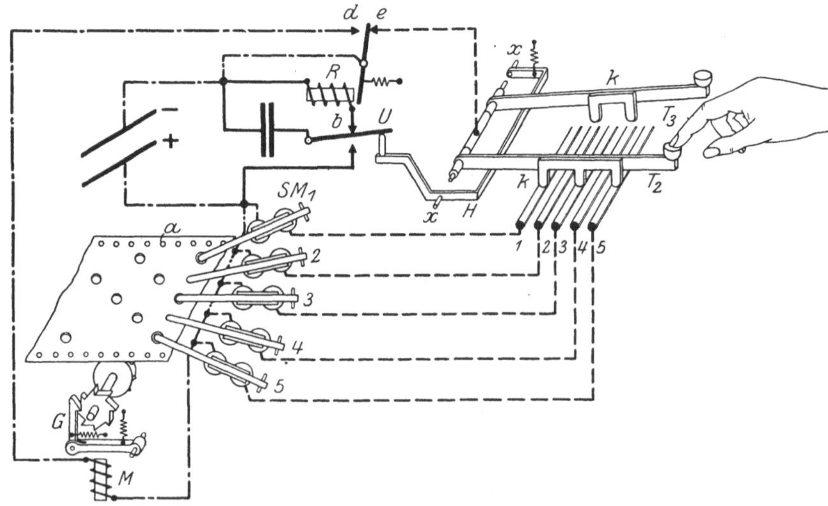

Abb. 41. Schema der Locheinrichtung des Siemens-Typendruckers.

deren Buchstabe jeweilig auf dem Lochstreifen a erzeugt werden soll, wird der betreffende Stromkreis geschlossen und die Lochkombination ausgestanzt, wie dies aus dem prinzipiellen Schema ersichtlich ist. Automatisch wird nach Ausstanzung der jeweiligen Lochkombination der Streifen vorwärts geschoben.

Der auf diese Weise erzeugte Lochstreifen ist in Abb. 42 wiedergegeben, während Abb. 43 das allgemeine Streifenschema darstellt. Aus letzterem

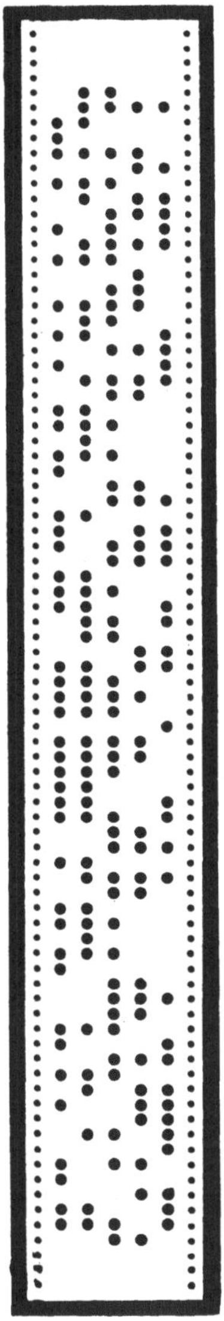

Abb. 42. Lochstreifen des Siemens-Typendruckers.

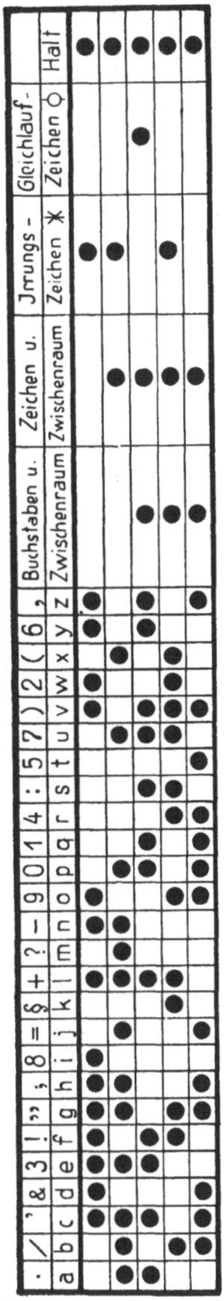

Abb. 43. Streifenschema.

Abb. 44. Fertiger Druckstreifen des Siemens-Typendruckers.

ist ohne weiteres die betreffende Lochkombination, welche jeweilig mit dem Schreibmaschinenlocher hergestellt wird, zu ersehen. Die Anordnung ist so übersichtlich, daß bei gewisser Übung der Telegraphierbeamte das Telegramm direkt aus dem Lochstreifen abzulesen vermag. Der Lochstreifen gemäß Abb. 42 weist an den beiden Seitenrändern je eine Reihe kleinerer Löcher auf, welche nur zu Transportzwecken dienen, während die Lochkombinationen in der Mitte erkennbar sind und aus dem Schema gemäß Abb. 43 gedeutet werden können. Den fertigen Druckstreifen, wie ihn der Siemens-Schnellempfänger liefert, gibt Abb. 44 wieder.

c) Der Siemens-Schnellsender.

Das Schema der Anordnung ist in Abb. 45 dargestellt, während Abb. 46 die Ausführung des Senders mit abgenommenen Schutzkappen wiedergibt. Wie aus dem Schema Abb. 45 ersichtlich, wird durch den von einem Antriebs-Elektromotor fortbewegten Lochstreifen eine Anzahl von Kontakthebeln, welche ebenso wie beim Wheatstonesender (siehe Abb. 35, S. 33) etwas

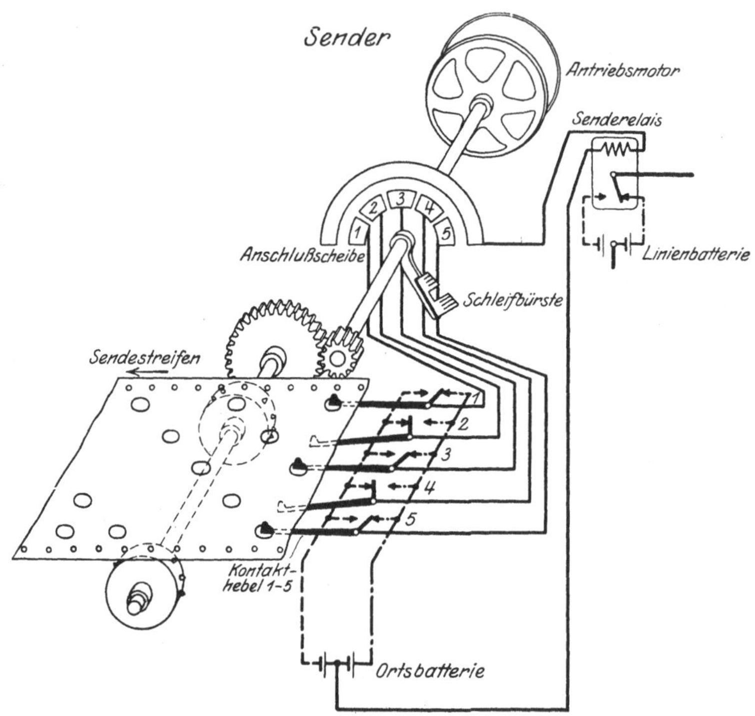

Abb. 45. Schema des Siemens-Schnellsenders.

gegeneinander versetzt angeordnet sind, so daß sie ganz kurzfristig zeitlich aufeinander folgend arbeiten, der jeweiligen Lochkombination entsprechend, betätigt. Je nachdem, ob die Kontakthebel bei Löchern durch das Papier hindurchgreifen, wird eines oder mehrere der links in der Abbildung befindlichen Relais betätigt, während bei unverletztem Papier die betreffenden Hebel an den rechten Relaiskontakten anliegen. Dementsprechend tritt eine Schleifbürste in Funktion, welche den 5 Kontakthebeln entsprechend, 5 Segmente mit Stromstößen beschickt und somit das Senderrelais der jeweiligen Kontaktstellung in Funktion setzt. Sofern der Schnelltelegraph auf einer Drahtleitung benutzt wird, werden positive (Kontakthebel links anliegend) und negative (Kontakthebel rechts anliegend) Stromstöße ausgesandt, welche den Empfänger in Wirkung versetzen. Bei Benutzung der Einrichtung auf einer drahtlosen Station wird durch die Kontakthebel im einen Fall das Tastrelais geschlossen (positiver Stromstoß), im andern Fall das Tastrelais geöffnet (negativer Stromstoß). Beim drahtlosen Sender wird also durch den Lochstreifen unter Vermittlung des Tastrelais direkt die Antennenausstrahlung gesteuert, so daß entweder Energie ausgestrahlt wird oder die Antenne nicht

Abb. 46. Der Siemens-Schnellsender mit abgenommenen Schutzkappen.

strahlt. Infolgedessen ist die Zeichengebung beim Siemens-Schnelltelegraphen eine absolut scharfe.

d) Synchronisierungseinrichtung.

Das Zusammenwirken des oben beschriebenen Senders mit dem auf S. 88. auseinander gesetzten Siemens-Schnellempfänger ist nur dadurch möglich, daß Sender und Empfänger synchron miteinander laufen. Das Grundprinzip des Siemensschen Schnelltelegraphen beruht darin, daß jedes Zeichen zu seiner Übertragung 5 Stromstöße benötigt. Unter Zugrundelegung der allgemein üblichen Morseschrift sind mit Ausnahme der Buchstaben e und t (siehe Abb. 43, S. 39), welche einteilig sind, alle übrigen Buchstaben mehrteilig. Es werden also für diese mehr Stromstöße benötigt, und zwar im Höchstfall bis zu 12 Stromstößen. Das Schema der Synchronisierungseinrichtung für Sender und Empfänger gibt Abb. 47 wieder, durch welche ein Synchronlauf beider Apparate vollkommen automatisch innerhalb von 10 bis 30 Sekunden hergestellt und aufrecht erhalten wird.

Bevor die Telegrammübermittlung beginnt[1]), stellt man die Umlaufszahl des Antriebsmotors am Empfänger auf die verabredete, der des Senderantriebsmotors gleiche ein, indem man mittels des Regulierwiderstandes W2 die

---

[1]) Ich verdanke die nachstehende Beschreibung der Synchronisierungseinrichtung der Siemens & Halske, A.-G. Wernerwerk, welcher ich auch an dieser Stelle meinen Dank ausspreche.   Der Verfasser.

Feldstärke des Motors einstellt und die Umlaufszahl am Tachometer beobachtet. Ist annähernd Gleichlauf erreicht, so wird dieser durch die
Telegraphierströme vollkommen herbeigeführt und dauernd aufrecht erhalten.

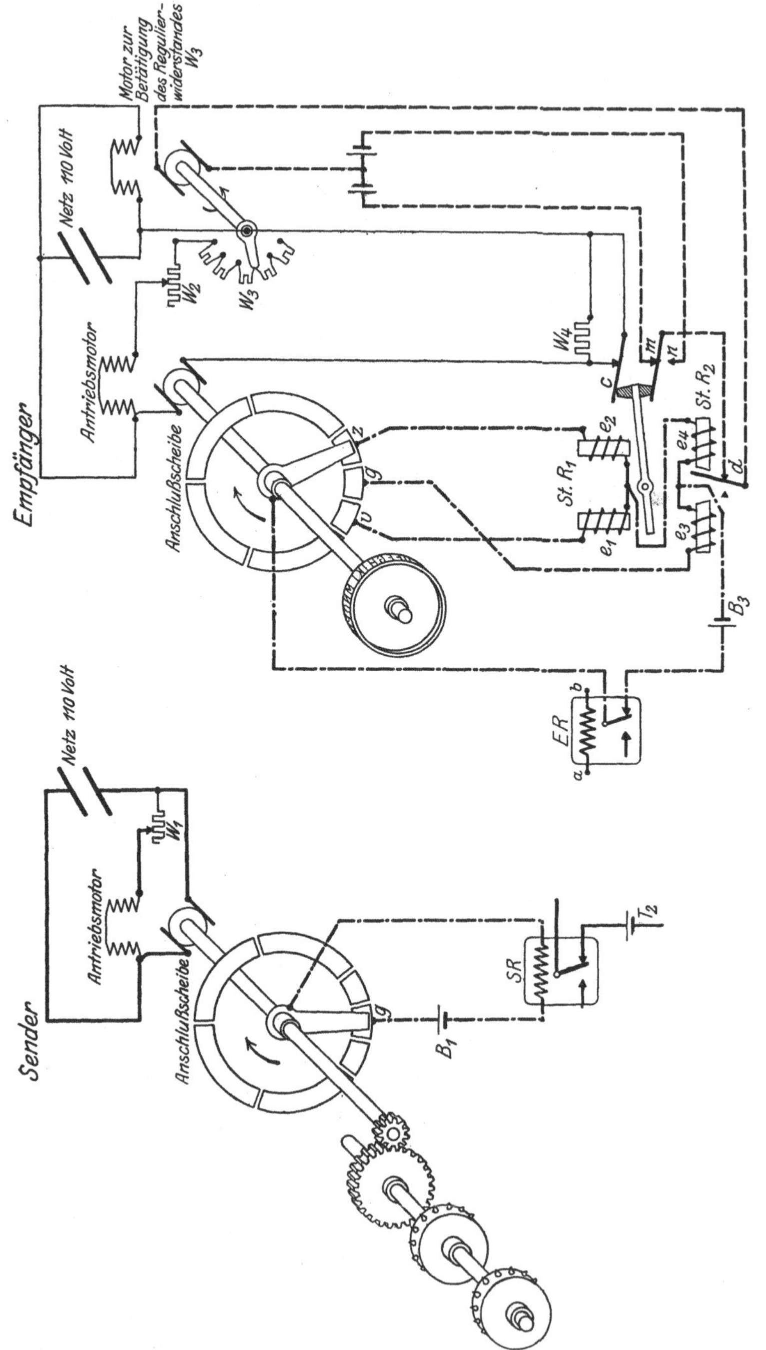

Abb. 47. Schema der Synchronisierungs-Einrichtung von Sender und Empfänger.

Zunächst sei angenommen, daß der Sender dauernd das Gleichlaufzeichen sende. Bei dem Gleichlaufzeichen wird nur auf dem mittleren der fünf Segmente der Senderanschlußscheibe (Verteilerscheibe) Zeichenstrom gegeben. Ist dieses mittlere Segment auf den Anschlußscheiben am Sender und am Empfänger in je drei Teile geteilt, so ist vollkommener Gleichlauf dann vorhanden, wenn an beiden Stellen der Bürstenarm auf dem mittleren Teil g steht. Ist der Gleichlauf nicht vollkommen, so steht die Empfängerbürste nicht auf g, sondern z. B. auf z, wenn die Senderbürste auf g steht. Sobald dies bewirkt ist, fließt ein Strom vom positiven Pol der Batterie $B\,3$ über die Zunge des Empfangsrelais $E\,R$, den Bürstenarm der Anschlußscheibe, den Segmentteil z, die Wickelung des Magneten $C\,2$ im Relais $St\,R\,2$ zum negativen Pol der Batterie (Stromkreis ist — · — · — gekennzeichnet). $e\,2$ zieht den Anker an und dieser schließt den Kontakt c. Dadurch wird der im Stromkreis des Motorankers liegende Widerstand $W\,4$ kurz geschlossen, die Drehgeschwindigkeit des Motorankers also beschleunigt.

Wird die Beschleunigung zu groß, hat die Empfängerbürste bereits v erreicht, wenn die Senderbürste auf g steht, so erhält nicht die Wickelung des Magneten $e\,2$, sondern die des Magneten $e\,1$ Strom. Dieser legt den Relais-Anker um, der Kontakt c wird geöffnet, dadurch der Widerstand $W\,4$ in den Stromkreis des Motorankers gelegt und seine Drehzahl erniedrigt. Ist Gleichlauf vorhanden, so behält die Zunge des Relais $St\,R_1$ die Stellung bei, die sie gerade hat. Diese Vorrichtung reicht aus, geringfügige Schwankungen der Drehzahl auszugleichen und im allgemeinen wird das Relais $St\,R\,1$ den Kontakt c in kurzen Zwischenräumen öffnen und schließen.

Behält der Anker des Relais $St\,R\,1$ längere Zeit die einmal eingenommene Stellung, so reicht das Aus- und Einschalten des Widerstandes $W\,4$ zur Gleichlaufregelung nicht aus, und es wirkt eine andere Reguliereinrichtung mit. Dadurch, daß sich der Bürstenarm des Empfängers auf z befindet, während der des Senders bereits auf g ist, hat der Magnet $e\,2$ nicht nur den Kontakt e geschlossen, sondern auch den Kontakt a; außerdem hat der Magnet $e\,4$ den Schluß des Kontaktes d herbeigeführt. Durch den so gebildeten Stromkreis erhält der Anker eines besonderen Reguliermotors Strom. Er beginnt, sich im Sinne des eingezeichneten Pfeiles zu drehen und schaltet einen größeren Teil des Widerstandes $W\,3$ in den Feldstromkreis des Antriebsmotors, erhöht also seine Umlaufszahl. Ist der Gleichlauf erreicht, befinden sich beide Bürstenarme gleichzeitig auf g, dann erhält die Wickelung des Magneten $e\,3$ Strom, er legt die Zunge des Relais $St\,R\,2$ um und unterbricht dadurch den Ankerstromkreis des Reguliermotors. Hätte der Bürstenarm des Empfängers nicht auf z, sondern auf v gestanden, dann wäre statt $e\,2$ der Magnet $e\,1$ erregt worden und hätte durch Anziehen des Ankers nicht nur den Kontakt c geöffnet, sondern auch b und d geschlossen. Durch den so gebildeten Stromkreis erhält aber der Anker des Reguliermotors Strom in dem Sinne, daß er Teile des Widerstandes $W\,3$ ausschaltet, das Feld des Antriebsmotors verstärkt und dadurch dessen Drehzahl vermindert.

Bisher war angenommen, daß dauernd das Gleichlaufzeichen gegeben wird, bei dem auf dem mittleren Segment der Senderanschlußscheibe Zeichenstrom gegeben wird. Beim Telegraphieren erhalten mehrere der fünf Segmente, mindestens jedoch eines von ihnen Zeichenstrom. Es sind deshalb auch die übrigen Segmente in derselben Weise unterteilt wie das mittlere und die einzelnen Teile parallel geschaltet, so daß bei jedem Umlauf die Synchronisierungseinrichtung mindestens einmal anspricht.

V. Der Schnellempfänger.

A. Voraussetzungen und Bedingungen der Schnellverkehrsempfänger. Allgemeine Gesichtspunkte und Anordnung.

a) Prinzipielle Anordnungen.

Für den Empfänger gilt grundsätzlich, daß ihm vom Sender Energie praktisch absolut konstanter Frequenz (d. h. von Frequenzschwankungen unter $0,2\,^0/_{00}$) zugeführt werden muß, und daß eine Nachregulierung an der Empfangsstelle aus elektrischen und betriebstechnischen Rücksichten ausgeschlossen ist. Unerläßliche Grundlage für den ganzen Schnellempfang sind die von Telefunken entwickelten vier prinzipiellen Anordnungen:

1. Hochfrequenz-Verstärker (v. Bronk).
2. Dämpfungs-Reduktionsverfahren.
3. Die Ausbildung der Röhre als Gleichstromrelais.
4. Einkapselung der Empfangsapparatur.

Der Hochfrequenzverstärker ist das einzige bisher bekannte Mittel, um für den Schnellempfang auch solche Antennen zu benutzen, welche eine im Verhältnis zu der früher üblichen sehr kleinen Raumenergie aufzunehmen gestattet, z. B. mit der Rahmenantenne. Außerdem wirkt der Hochfrequenzverstärker infolge der Eigenart der in Serie angeordneten Röhren bezüglich ihrer Kopplung als lose Empfangskopplung, welche die bekannte Eigenschaft hat, Störungen niedriger Periodenzahlen und langsameren Verlaufes weniger zu verstärken bzw. auf das Indikationsinstrument nicht zu übertragen. An Stelle großer, wenig gedämpfter Spulensysteme zur Erzielung kleinerer Verluste an Empfangsenergie ist es möglich, durch Anwendung der Röhre bzw. der aus ihr gewonnenen Hochfrequenzleistung Schwingungskreise mit sehr geringen Dämpfungen herzustellen. Hierbei ergibt sich der praktische Vorteil von kleinen äußeren Abmessungen der Apparate und sehr hoher Selektion, insbesondere gegen fremde Sender.

Das Prinzip der Dämpfungsreduktion ist ein Spezialfall der Schwingungserzeugung mittels der Röhre, während bei der Schwingungserzeugung die Rückkopplung so weit getrieben wird, daß die einsetzende Schwingung bis zur Maximalamplitude ansteigt und bei dieser erhalten bleibt, erfolgt für die Dämpfungsreduktion eine nur so geringe Rückkopplung, daß der Schwingungszustand nur einsetzt und nur so lange andauert, als Energie gleicher Frequenz dem Kreise zugeführt wird. Mittels Dämpfungsreduktion lassen sich so geringe Dämpfungen erzielen, daß selbst bei den kürzesten Wellenlängen ein Nachklingen der Kreise sich nicht feststellen läßt.

Für die meisten selbstregistrierenden Apparate ist ein Gleichstromrelais notwendig. Die Röhren als Verstärker geschaltet ergeben zwar eine für die Relaisbetätigung ausreichende Amplitude, aber die erhaltene Energieform (Schwebungsempfang) ergibt einen verstärkten Wechselstrom meistens von hörbarer Frequenz. Der Zweck des Gleichstromrelais ist die Umwandlung dieses Wechselstroms in Gleichstrom. Während beim gewöhnlichen Empfangsgleichrichter nur die vorhandene Energie mit gegebenem Wirkungsgrad in Gleichstrom, d. h. schlecht umformt, gelingt es mit der Röhre als Gleichrichter noch einen Verstärkungseffekt zu erzielen. Zu diesem Zweck wird die Röhre mit einer regelbaren negativen Gittervorspannung versehen.

Bei Anwendung der notwendigen hochempfindlichen Verstärkungsmittel ist die gesamte Anordnung nicht nur gegen Antennenstörungen, sondern auch gegen solche, welche direkt aus dem Rahmen auf die Apparatur einwirken, hochempfindlich. Solche Störungen entstammen nicht nur atmosphärischen Entladungen, sondern vor allem auch für den Duplexverkehr der nahe gelegenen eigenen Sendestation. Zur Ausschaltung dieser Nachteile ist man bei den modernsten Großstationsempfängern dazu übergegangen, den gesamten Apparaturkomplex in einen Metallkasten von großen Abmessungen einzuschließen, so daß auch das Bedienungspersonal sich in ihm aufhalten kann.

Die notwendige Stärke der Metallbleche hängt nicht nur von der Intensität, sondern auch von der Frequenz der Störungsschwingungen ab und muß in dem Maße stärker gewählt werden, wie diese niedriger wird. Erst der Übergang auf eine mehrwandige Einschließung (vier- oder mehrfach) hat es ermöglicht, diese Wirkungen von der Apparatur gänzlich fern zu halten. Mit der Vermehrung der Schichtzahl nimmt die Eindringung der Einwirkungen rasch ab, z. B. mit der ersten Potenz der Schichtzahl.

Bei den modernen Großstationen unter Anwendung der sehr konstanten Sender und möglichst störungsfreier Empfänger ist heute zwischen Europa und Amerika bei 6000 km ein Dauerbetrieb im kommerziellen Sinne auf mehreren Linien durchgeführt.

Der Betrieb läuft im allgemeinen während 24 Stunden. Durch Störungen an besonders ungünstigen Tagen kommen kurzzeitige Unterbrechungen vor, welche sich hauptsächlich in einer Verlangsamung des Telegraphiertempos ausdrücken, indem die Zahl auf 15 Wörter herabgesetzt werden muß und unter Umständen der Text zweimal gegeben wird. Zu Zeiten der geringeren Störungen, wie sie selbst im Sommer täglich vorkommen, wird sie durchgeführt und mit ihr wird teilweise schon der größte Teil des Telegrammmaterials bewältigt, so daß für den normalen und verlangsamten Betrieb nur verhältnismäßig wenige Telegramme übrig bleiben. Im einzelnen sind nachstehende grundsätzliche Anordnungen für den Schnellverkehr die Voraussetzung.

Im übrigen müssen allen modernen, zu stellenden Anforderungen an hochwertige Empfangsapparate Genüge geleistet werden. Infolgedessen ist man unter allen Umständen gezwungen, Sekundärkreisempfang, im allgemeinen sogar Tertiärkreisempfang, durchzuführen. Es wird bei modernen Anlagen nur noch mit Röhrendetektor gearbeitet, sei es in Form des Schwebungsempfängers oder als Audion.

Während bis zu diesem Punkte alle Empfangseinrichtungen gleich sind, ist von nun an ein Unterschied zu machen, wie der Indikationsapparat beschaffen ist, also ob dieser zur Kategorie der Morseschreiber, der akustischen Schreiber oder Typendrucker gehört, ob mit anderen Worten ein Relaisbetrieb erforderlich ist, oder ob das Relais entbehrlich ist, was bei den meisten Kurvenschreibern, aber auch bei einigen akustischen Schreibapparaten der Fall ist.

Die Kurvenschreiber können zum größten Teil eine besondere Verstärkung entbehren, da sie an sich genügende Empfindlichkeit auch bei größerer Wortzahl pro Minute besitzen. Die ersteren hingegen verlangen unter allen Umständen wegen ihrer geringeren Empfindlichkeit einen Relaisbetrieb; eine Verstärkung ist hierbei also kaum zu umgehen. Wie an anderer Stelle dargelegt, kommen für den praktischen Betrieb und für die Weiterentwicklung des drahtlosen Schnellverkehrs in erster Linie nur die Morseschreiber, insbesondere aber die Typendrucker inbetracht.

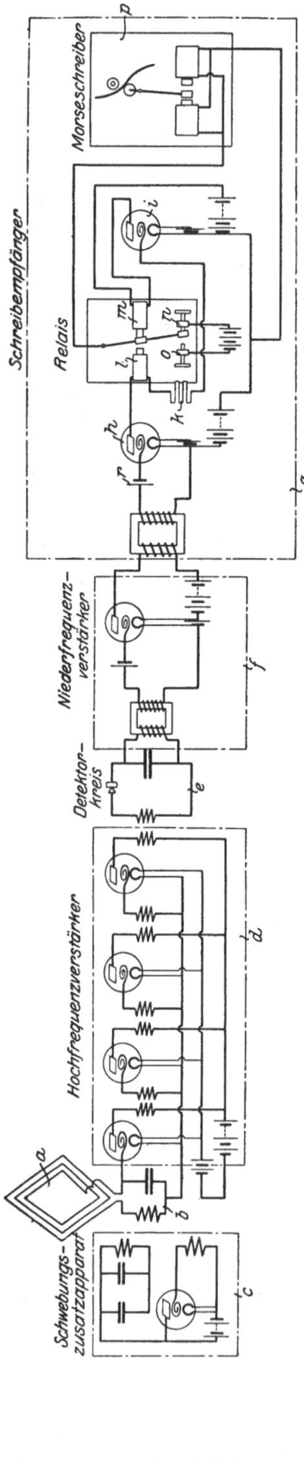

Das Grundschema einer Empfangseinrichtung, wie sie von Telefunken längere Zeit verwendet wurde und auch heute noch verwendet wird, ist in Abb. 48 wiedergegeben. Empfangen wird mit der Spulenantenne a, welche über den Abstimmungskreis b geschlossen ist. Mittels des Schwebungszusatzapparates c wird über die Empfangsschwingungen eine Schwebungsschwingung überlagert, so daß sich etwa die Frequenz 1000 ergibt. Diese wird zunächst dem Hochfrequenzverstärker d zugeführt, mit welchem der eigentliche Detektorkreis e gekoppelt ist. An Stelle des gezeichneten Kristalldetektors wird wohl stets eine Audionröhre oder dgl. verwendet werden. Die somit empfangenen und durch den Detektor gleichgerichteten Stromstöße werden dem Niederfrequenzverstärker f zugeführt. An diesen ist die Schreibempfangsanlage g angeschlossen, welche sich aus drei Teilen zusammensetzt: erstens einer Gleichrichtungsröhrenkombination, zweitens einem Relais und drittens dem eigentlichen Schreibapparat. Die Gleichrichtungsanlage besteht aus zwei Röhren h und i, welche, wie gezeichnet, miteinander über einen Widerstand k verbunden sind. Zwischen Anode und Kathode der Röhre h ist die Relaisspule l, zwischen Anode und Kathode der Röhre i ist die Relaisspule m geschaltet. Die Relaiszunge legt sich entweder an den Kontakt n oder o des Relais an. Die Wirkungsweise der Anordnung ist folgende: Wenn der Sender in Ruhe ist, also keine Zeichen empfangen werden, ist die Röhre h außer Wirksamkeit, da durch das Element r dem Gitter eine negative Vorspannung aufgedrückt wird, wodurch die Elektronenemission von der Kathode nach der Anode unterdrückt ist. Infolgedessen fließt auch in l kein Anodenstrom, und die Relaisspule l sowie der Widerstand k sind stromlos.

Hiergegen arbeitet die Röhre i, da bei ihr die negative Vorspannung fehlt; durch ihren Anodenstrom ist die Relaisspule m stromdurchflossen, die Relaiszunge ist von m angezogen und macht bei n Kontakt (Trennstrom). Der Schreibanker von p ist abgedrückt und macht auf dem Papierstreifen kein Zeichen.

Abb. 48. Röhrenempfangseinrichtung von Telefunken für Schnelltelegraphie.

Sobald jedoch vom Sender Zeichen aufgenommen werden, wird aus dem Transformator des Niederfrequenzverstärkers ein Wechselstrom, der Schwebungsfrequenz entsprechend, geliefert. Hierdurch werden dem Gitter außer den unwirksamen negativen Stromimpulsen auch abwechselnd positive Impulse zugeführt, wodurch die negative Vorspannung jeweilig aufgehoben wird. In der Röhre findet ein Elektronenübergang statt, und es fließt ein praktisch kontinuierlich anzusehender Anodenstrom über die Relaisspule l und den Widerstand k. Die Relaiszunge wird von l angezogen und macht bei o Kontakt (Zeichenstrom). Der Schreibanker von p wird angezogen und schreibt auf den Papierstreifen, solange als er angezogen ist, also entweder Punkt (kurzen Strich) oder Strich (langen Strich). Damit die Relaiswirkung zustande kommt, wird in dem Augenblick des Infunktionstretens der Röhre h die Röhre i außer Wirksamkeit gesetzt. Dieses geschieht durch den jetzt stromdurchflossenen Widerstand k, an dessen Enden sich ein Potentialgefälle ausbildet, das dem Gitter von i eine negative Vorspannung aufdrückt, wodurch der Anodenstrom durch die Relaisspule m aufhört.

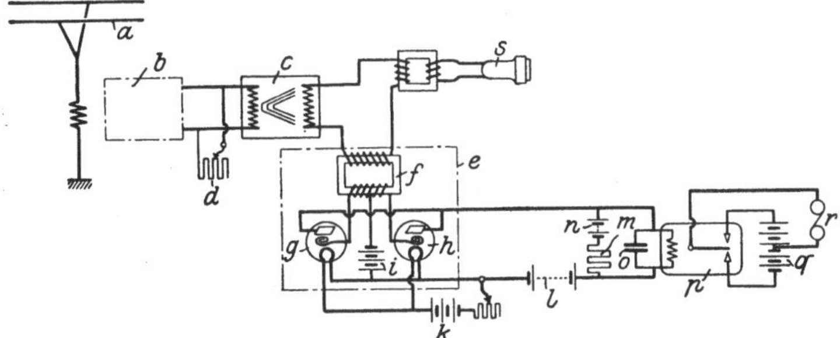

Abb. 49. Schnellempfängeranordnung für Schreibempfang mit Doppelstromgleichrichter des Telegraphentechnischen Reichsamtes.

Eine andere ältere Anordnung des Telegraphentechnischen Reichsamtes Berlin wie sie von F. Banneitz beschrieben worden ist, ist in Abb. 49 wiedergegeben. Mittels einer offenen Antenne a, welche auch durch eine Spulenantenne ersetzt sein kann, ist ein Primär-Sekundär-Tertiär-Audionempfänger b gekoppelt. An diesen angeschlossen ist ein Dreifach-Niederfrequenzverstärker c. In die Zuleitung zu letzterem ist ein einregulierbarer Ohmscher Widerstand d eingeschaltet, welcher dazu dient, das Inschwingunggeraten des Verstärkers zu verhindern, Pfeiftöne zu unterdrücken und die Anordnung störungsfreier zu gestalten. Um nun den Schreibapparat, welcher naturgemäß anders arbeitet wie ein gewöhnliches Telephon, richtig anzuschalten, ist es notwendig, den aus c während der Sendezeichen entnommenen pulsierenden Gleichstrom in einen Zeichenstrom und Trennstrom umzuformen, d. h. in verschiedenartige Gleichströme konstanter Amplitude. Dies kann auf verschiedene Weise bewirkt werden, z. B. wie soeben besprochen. Bei der in Abb. 49 wiedergegebenen Schaltung geschieht dies mittels eines Doppelstromgleichrichters e[1]), welcher sich aus folgenden wesentlichen Elementen

---

[1]) Es ist neuerdings beim Telegraphentechnischen Reichsamt F. Eppen gelungen, unter Benutzung einer Doppelgitterröhre von Siemens & Halske A.-G. (G. Nr. 4) eine außerordentliche Vereinfachung der Gleichrichteranordnung zu bewirken. Es wird eine Vor- und eine Endröhre benutzt, die in Serie vom Lichtnetz geheizt werden. Die Gittervorspannungen, Anodenspannungen, sowie die für den Trennstrom im Relais nötige Spannung wird an Widerständen etwa in der Art von Potentionmetern abgenommen. Eine ausführliche Beschreibung dieser Anordnung von F. Eppen ist erschienen im Jahrbuch der drahtl. Telegr. 20. S. 173. 1922.

zusammensetzt: einem Empfangstransformator f, dessen Sekundärwicklung mit drei Anzapfungen versehen ist, einer kleinen Röhre g, einer weiteren Röhre h gleicher Ausführung und einer Batterie i. Außerdem ist mit dem Doppelstromgleichrichter verbunden die Heizbatterie k der Röhren nebst Regulierwiderstand, die Anodenfeldbatterie l, ein Ohmscher Widerstand m nebst Batterie n, einem Kondensator o und das Empfangsrelais p. Letzteres arbeitet unter Benutzung der Batterie q auf den Morseschreiber, Typendrucker usw. r.

Die Wirkungsweise der Anordnung ist folgende: Nachdem mittels des Telephons s der Empfänger auf den fernen Sender abgestimmt ist, wird infolge der Wirkung der Gittergegenspannungsbatterie i in der Röhre g der eine Wechsel, in der Röhre a, der entsprechende andere Wechsel der aufgenommenen Schwingungen ausgenutzt. Der Widerstand m verringert sich, und der Anodenstrom der Batterie l fließt über die Wicklung des Empfangsrelais p. Hierdurch wird die Relaiszunge an den Arbeitskontakt gelegt und der Schreibapparat r betätigt. Wenn hingegen die Röhren stromlos sind, also in den Zeichenpausen, fließt ein Strom der Trennstrombatterie n über den Widerstand m in entgegengesetzter Richtung und betätigt die Zunge des Relais p derart, daß sie an den Trennstromkontakt gelegt wird. Der aktive Teil des Schreibapparates befindet sich alsdann in Ruhe. Die Batteriespannungen und die Widerstandsgröße werden so einreguliert, daß der Arbeitsstrom gleich dem Trennstrom wird. Der Verlust, der dadurch eintritt, daß ein Teil des Anodenstromes über die Trennstrombatterie und den Widerstand m fließt, ist nicht wesentlich.

Diese Schaltung ist in verschiedener Weise variiert worden, insbesondere derart, daß, um eine intensivere Verstärkung zu erhalten, mehrere Röhren parallel geschaltet benutzt wurden. Außerdem kann auch noch eine Serienschaltung mit einer oder mehreren größeren Verstärkerröhren angewendet werden [1]).

Ferner hat man auch die Anordnung so getroffen, daß die Batterie n fortgelassen wurde, und daß in Serie zum Kondensator o und zum Relais p ein weiterer Kondensator geschaltet war. Hierdurch wurde bewirkt, daß, ohne eine Batterie zu benutzen, die Lade- und Entladeströme dieses Serienkondensators die Relaiszungen betätigten. Wird nämlich der Gleichrichter durch aufgenommene Schwingungen betätigt, so ladet die Anodenbatterie l diesen Kondensator auf. Der Ladestromstoß fließt durch die niederohmige Wicklung des Relais und legt die Relaiszunge an den Arbeitskontakt, während durch den Widerstand m nur ein sehr geringer Verluststrom abfließt. Sobald die aufgenommenen Schwingungen aufhören, entladet sich der Kondensator über den Widerstand m durch die Relaiswicklung in entgegengesetztem Sinne, und die Zunge schlägt nach dem Ruhestromkontakt aus. Hierdurch wird nicht nur eine Verbesserung der Relaiseinstellung und ein Fortfallen der Trennstrombatterie, sondern auch eine gute mechanische Störbefreiung erreicht.

Bei der Organisation mit Verkehrsleitungsstelle werden die vom Empfänger aufgenommenen Signale unter Zwischenschaltung von Verstärkern, evtl. Mittel- und Niederfrequenzumformern nach der ersteren zwecks Fixierung übertragen. Dieses geschieht meist auf einer Fernsprechleitung. Auf die Eigentümlichkeiten derselben ist Rücksicht zu nehmen. Die Periodenzahl der übertragenen Ströme soll nicht unter 1000 und nicht über 3000 pro Sekunde liegen, da meist die Frequenz der Senderschwingungen noch verhältnismäßigen Schwankungen unterworfen ist und sonst leicht ein Aussetzen des Empfangs eintreten kann. Indessen hängen diese Zahlen von der Telephonkonstruktion und von dem Aufnahmebeamten ab.

---

[1]) l. c. S. 47. Fußnote.

Außer den gekennzeichneten Anforderungen an den Schnellverkehrs-empfänger kommen noch folgende hinzu:

b) Genügende Empfangsenergie, Empfindlichkeit und Verstärkung.

Während in der gewöhnlichen drahtlosen Telegraphie bei Handtastung unter allen Umständen die Zeiten für die Aufschaukelung der Empfangsenergie ausreicht, um den Empfänger auch bei kurz gegebenen Punkten ansprechen zu lassen, kann dies beim Schnellverkehr, und zwar von etwa 100 Wörtern pro Minute an gerechnet, schon fraglich sein. Bei dieser Wortgeschwindigkeit betragen die Zeiten zum Geben eines Punktes, wie schon oben erwähnt, nur etwa $\frac{1}{100}$ Sekunden, und es muß Sorge dafür getragen werden, daß die während dieses kurzen Zeitraumes im Empfangssystem aufgenommene Energie für die Betätigung der Empfangsapparate ausgenutzt wird. Solange ohne Verstärkung an der Empfangsstelle gearbeitet wurde, war infolgedessen die Forderung verständlich, für den Schnellverkehr entweder die Senderenergie ganz außerordentlich zu steigern oder aber die Empfindlichkeit der Empfangsapparatur nach Möglichkeit zu erhöhen. Dies hatte noch die weitere Forderung im Gefolge, auch noch besonders empfindliche Registrierapparate zum Fixieren der Nachrichten zu verwenden, wodurch eine weitere Quelle von Störungen gegeben war. Meist suchte man alle drei Forderungen mit-einander zu vereinen, war sich jedoch darüber klar, daß die Erhöhung der Senderenergie mit einer wesentlichen Vermehrung der Stationskosten verbunden war, während die Steigerung der Empfindlichkeit der Empfangsapparate die Störungen an der Empfangsstelle vervielfachten und den Betrieb als unsicher erscheinen ließen. Viele Mißerfolge der Schnelltelegraphie bei früheren Versuchen sind diesem Umstande zuzuschreiben.

Nachdem es gelungen ist, die Empfangsenergie nahezu beliebig zu ver-stärken, konnten beide Forderungen wesentlich ermäßigt werden und man ist weiterhin noch in der Lage, normale, betriebssicher arbeitende Registrier-apparate zum Aufzeichnen der empfangenen Nachrichten zu verwenden.

Indessen ist eine beliebig weit getriebene Verstärkung auch nicht möglich, weil sonst Störungen auftreten, die bis dahin unmerklich gewesen waren (Innengeräusche der Röhren) bzw. bei Steigerung der Rückkopplung ein „Nachhallen" der Zeichen auftreten können und vor allem atmosphärische Störungen gleichfalls zu sehr verstärkt werden würden, wodurch die Lesbar-keit der Telegramme stark beeinträchtigt werden kann. Man ist infolgedessen auf besondere Mittelfrequenz- und Niederfrequenzverstärkungsanordnungen (siehe unten S. 53) mit Erfolg übergegangen.

c) Sekundärkreis- und Tertiärkreisempfang. Aufschaukelzeit.

Um einen möglichst störungsfreien Empfangsbetrieb zu gewährleisten, gelten zunächst alle Gesichtspunkte, welche in der gewöhnlichen Radio-telegraphie maßgebend sind. Infolgedessen wird ein Primärkreisempfang selbst unter Benutzung sehr störungsfrei arbeitender Spulenantennen-anordnungen praktisch kaum inbetracht kommen. Vielmehr wird man stets auf einen Mehrkreisempfang übergehen müssen. Indessen kommt hier die bereits unter b) erwähnte Zeichengeschwindigkeit für die Aufschaukelzeit erheblich inbetracht, und man wird bei Wortgeschwindigkeiten in der Größenorduung von 100 Wörtern und mehr pro Minute sich im allgemeinen mit einem Sekundärkreisempfang, höchstens mit einem Tertiärkreisempfang begnügen müssen.

d) Ineinanderfließen der Zeichen bei sehr großen Entfernungen.

Bei der Telegraphie auf sehr großen Entfernungen, und zwar in der Größenordnung des halben Erdumfanges (20000 km), kann sich, insbesondere beim Schnellverkehr, ein direktes Ineinanderfließen der Morsezeichen bemerkbar machen, sofern man mit einer Antenne empfängt, welche einen nicht scharf gerichteten Empfang gewährleistet. Befindet sich die Empfangsstation genau im Gegenpol zur Sendestation (20 000 km), so ist bei normalem Zweirahmenempfang die Aufnahme unmöglich, solange die Absorption auf den beiden gleichen Wegen dieselbe ist. Dieser Fall wird nicht allzu häufig eintreten wegen der im allgemeinen verschieden großen Schwächung.

Geht man auf dem größten Kreise, der durch die Sendestation und durch den Empfangsort gelegt wird, über den Gegenpol hinaus, so kann es vorkommen, daß die auf dem größeren Wege hereinkommenden Wellen an Intensität gleich werden denjenigen, die den kürzeren Weg zurückgelegt haben. Es ergibt sich nun aus einfachen Rechnungen, daß für jede örtliche Lage des Empfängers mit wachsender Telegraphiergeschwindigkeit eine Verkürzung der Zeichenpausen eintritt, die so weit gehen kann, daß diese nicht mehr als solche aufgenommen werden können.

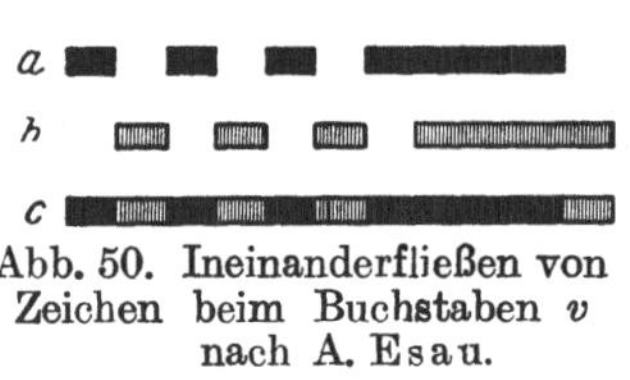
Abb. 50. Ineinanderfließen von Zeichen beim Buchstaben *v* nach A. Esau.

Es entsteht unter der Einwirkung beider Wellenzüge vielmehr ein Dauerstrich (siehe Abb. 50). Je größer die Wegdifferenz der beiden Wellen gewählt wird, um so kleiner ergibt sich die Telegraphiergeschwindigkeit, bei der die Zeichenpausen vollkommen ausgefüllt werden. Für eine Wegdifferenz von beispielsweise 2000 km tritt dieser Fall bei einer Geschwindigkeit von etwa 250 Wörtern pro Minute ein, bei einer solchen von 10 000 km bei 50 Wörtern.

Ist der Sender ein Lichtbogen, der in den Zeichenpausen eine Welle ausstrahlt, die etwas verschieden ist von der bei Zeichengebung, so kann es vorkommen, daß unter den obigen Umständen eine Überlagerung der beiden Wellenzüge eintritt, was auch ohne besondere Überlagerung zu einem hörbaren Ton der Zeichen führt. Gleichzeitig tritt hierbei eine Verstümmelung der Zeichen ein.

Die aus dem Verhalten der beiden Wellenzüge sich ergebenden Empfangsschwierigkeiten lassen sich praktisch dadurch beseitigen, daß man an Stelle des zweiseitigen Empfanges (allseitig strahlende Antenne) einen einseitig gerichteten Empfänger verwendet.

e) Störbefreiung.

α) Die Störbefreiung eine Kombination mehrerer Anordnungen und Kunstgriffe.

Bei der Befreiung von Störungen ist zu unterscheiden, ob das Dämpfungsdekrement der störenden Schwingungen in der Größenordnung der aufzunehmenden Senderschwingungen liegt, also ob es sich um Störbefreiung von fremden Sendern handelt oder aber, ob das Dämpfungsdekrement erheblich größer ist, also ob Befreiung von atmosphärischen Störungen gewünscht wird.

In beiden Fällen stellt die Störbefreiung heute eines der wichtigsten Probleme der drahtlosen Telegraphie, mindestens aber der Empfangsseite dar. Die hervorragendsten Senderleistungen nutzen nichts, wenn der Empfang durch Störungen, insbesondere solche atmosphärischer Herkunft so beeinträch-

tigt wird, daß schon bei der gewöhnlichen Telegraphie ein einwandfreies Aufnehmen nicht möglich ist; dieser Übelstand steigert sich natürlich außerordentlich beim Schnellverkehr, welcher durch Störungen direkt unmöglich gemacht
werden kann.

Es gibt heute noch kein absolut sicheres Mittel gegen Störungen. Wahr-
scheinlich ist aber die Aufgabe, wie man sie früher gestellt hat, überhaupt
unlösbar, denn wenn erst einmal eine Störung in die Empfangsapparatur
hineingelangt, so ist es, wenn man sich den Schwingungsvorgang vergegen-
wärtigt, in den meisten Fällen überhaupt nicht möglich, sie heraus zu bekommen.
Es scheint, daß die meisten der nachstehenden Anordnungen aus diesem Grunde
so wenig befriedigende Resultate ergeben haben. Der richtige Weg, der offenbar zuerst von A. Esau (Telefunken) praktisch beschritten wurde, besteht
darin, überhaupt zu verhindern, oder wenigstens zu erschweren, daß Störungen
in den Empfänger hineinkommen. Dies kann sehr wesentlich bewirkt werden:
1. durch eine abgeblendete Antenne von geringer räumlicher Ausdehnung,
wie dies z. B. die Anordnung eines geerdeten in der Mitte unterteilten Rahmens
der Fall ist. 2. Dadurch, daß man das abgeblendete Feld drehbar macht und es
jeweilig so einstellt, daß die auf dasselbe von dem Störungsherd gelangenden
Störungen ein Minimum sind. Allein durch diese Mittel wird man jedoch
nicht zum Ziel gelangen. Vielmehr wird es notwendig sein, noch weitere Anordnungen zu treffen, wie z. B. die Zwischenfrequenzanordnung von Telefunken. Die tatsächliche Störbefreiung stellt sich überhaupt nicht als eine
einzelne Anordnung dar, sondern vielmehr als eine Kombination einer ganzen
Reihe einzelner Schaltungen und Kunstgriffe, welche, dem jeweiligen Fall
entsprechend, modifiziert werden müssen.

Mit Recht ist darauf hingewiesen worden:
1. daß es sich empfiehlt, bis zu dem Zeitpunkt, zu welchem man absolut
zuverlässig arbeitende Störbefreiungsanordnungen zur Verfügung hat, einmal
mit nicht allzu großen Wellen zu arbeiten, da offenbar die Störungen bei
den kleineren Wellen weniger intensiv und zahlreich sind und

2. nach Möglichkeit die störungsfreien Stunden für den Verkehr auszu-
suchen.

Wenn trotzdem im nachstehenden noch mehrere der älteren Methoden
angegeben sind, welche bis heute meist nur geringe Erfolge erzielen ließen,
so ist dies nicht nur aus Gründen des Zusammenhangs geschehen, sondern
weil sie in Verbindung mit den auseinandergesetzten Gedanken vielleicht
auch zu neuen Kombinationswegen führen können.

β) Dekrement der Störschwingungen. Dasselbe oder nahezu dasselbe wie das
des eigenen Senders.

Eine wirklich scharfe Trennung nach Art der Dekremente ist natürlich
nicht möglich schon deshalb, weil beide Gebiete ineinander übergehen.
Heute sind meist die atmosphärischen Störungen die noch weitaus schlimmeren
Feinde der Nachrichtenübermittlung, so zwar, daß sie bei vielen Stationen
nur einen Verkehr von wenigen Stunden, meist Nachtstunden zulassen. Die
Trennung ist so zu verstehen, daß die eine Kategorie sich besser für die Be-
kämpfung der einen Schwingungsart, die andere für die stärker gedämpften
Schwingungen richtet, aber auch hierbei ist außer den eingangs enthaltenen
Bemerkungen zu beachten, daß z. B. die Zwischenfrequenzanordnung auch gegen
stark gedämpfte Störer ein guter Schutz ist. Ein radikales Mittel für die
Störbefreiung von derartigen Schwingungen ist bisher nicht gefunden worden.
Die älteste, schon oben erwähnte Methode besteht in:

1. Störbefreiung mittels mehrerer Resonanzsysteme (Aussiebsysteme).

Die Empfangsenergie wird von der Auffangeantenne unter Ausnutzung der Resonanzwirkung auf mehrere lose miteinander gekoppelte Systeme übertragen (R. A. Fessenden, G. Marconi J. Stone Stone), wobei darauf zu achten ist, daß eine Kopplung des Systems 3 nicht direkt mit dem Auffangsystem möglich ist (siehe z. B. Abb. 49, S. 47, insbesondere Abb. 56, S. 56). Da indessen trotz erheblicher Verbesserungen der letzten Zeit (Telefunken) durch eine Vermehrung derartiger Aussiebsysteme eine beliebige Selektionssteigerung nicht möglich ist, vielmehr beim Schnellverkehr Schwierigkeiten in der Aufschaukelzeit bestehen, ist man zu der auf S. 53 beschriebenen Kombination mit der Mittelfrequenzanordnung übergegangen.

2. Störbefreiung mittels Kristalldetektors („Störungsverhinderer") von L. W. Austin.

Von L. W. Austin wurde 1914 eine Anordnung angegeben, bei welcher parallel zu der in die Antenne geschalteten primären Kopplungsspule ein Kristalldetektor geschaltet war. Es wurde anfangs Tellur und Aluminium, später Silizium in Kontakt mit gewissen Kristallen und schließlich auch Karborund in Kombination mit Kristallen benutzt. Die drahtlosen Signale werden an diesem Paralleldetektor, welcher nicht zu Empfangszwecken dient, reflektiert und über die Kopplungsspule auf den Sekundärkreis übertragen. Starke Störschwingungen hingegen, insbesondere solche, deren Wellenlänge erheblich größer war als die der Empfangsschwingungen, sollten durch die Parallelkombination zur Kopplungsspule nach der Erde hin abgeleitet werden. Insofern sollen auch gewisse atmosphärische Störungen durch die Anordnung unwirksam gemacht worden sein, insbesondere wenn die Selbstinduktion der Antenne genügend groß war. Es scheint aber, als ob auch dieser „Störungsverhinderer" nur unter gewissen Umständen günstige Resultate hat erzielen lassen.

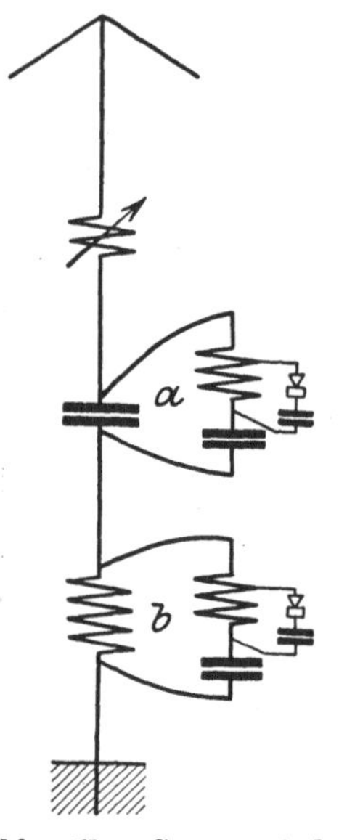

Abb. 51. Störverminderungsschaltung mittels kapazitiver und selbstinduktiver Detektorankopplung für kleine und große Störwellen.

3. Störbefreiung von kleinen Störwellen mittels kapazitiver Empfängerkopplung, von langen Störwellen mittels induktiver Empfängerkopplung.

Ein anderer Gedanke (O. Scheller) besteht auf Grund theoretischer Erwägungen, die praktisch bestätigt werden konnten, in folgendem:

Bei einem gegebenen Empfänger, der z. B. auf 3000 m abgestimmt sein möge, und der entsprechend Abb. 51, sowohl einen kapazitiv angekoppelten Detektor a als auch einen induktiv angekoppelten Detektor b besitzen möge, bildet für kleinere Wellen als 3000 m, z. B. solche von 200 m, der Kondensator von a einen Kurzschluß, und solche Wellen vermögen diesen Detektorkreis nicht zu stören. Für größere Wellen als 3000 m liegen die Verhältnisse gerade umgekehrt. Für diese ist die Spule b ein Kurzschluß, so daß diese langen Wellen den induktiv angekoppelten Detektor nicht stören.

Diese Störbefreiung durch Wahl der kapazitiven, bzw. induktiven (konduktiven) Kopplung geht übrigens auch ohne weiteres aus den Resonanzkurven hervor. Diese haben nämlich für einen sehr großen Wellenbereich keineswegs

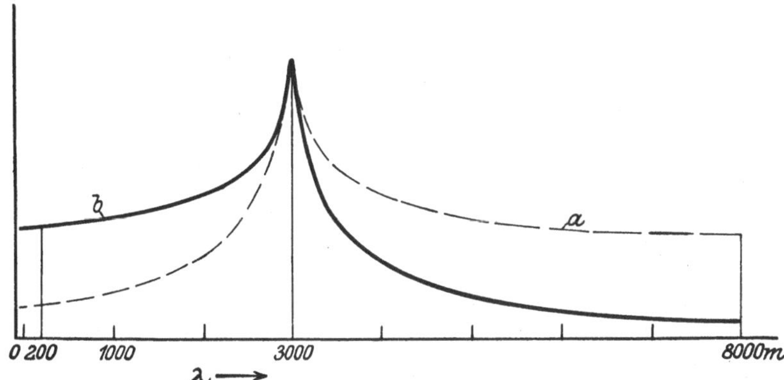

Abb. 52.   Unsymmetrische Resonanzkurven für kapazitive und induktive Kopplung.

einen symmetrischen Verlauf, sondern vielmehr einen Charakter etwa von Abb. 52, wo Kurve a für kapazitive, Kurve b für induktive Kopplung gilt.

Hieraus folgt, daß eine Störwelle von 200 m bei kapazitiver Kopplung ganz außerordentlich weniger stört als bei induktiver Kopplung, und daß analoges für eine Welle ca. 8000 m gilt für die induktive (konduktive) Kopplung.

4. Zwischenfrequenzanordnung von Telefunken.

Die bisherigen Anordnungen, welche sich auf diese Schaltungen aufbauten, führten zu keiner Erhöhung der Abstimmschärfe und gaben nicht die Möglichkeit die Verstärkung genügend zu treiben. Eine grundsätzliche Änderung

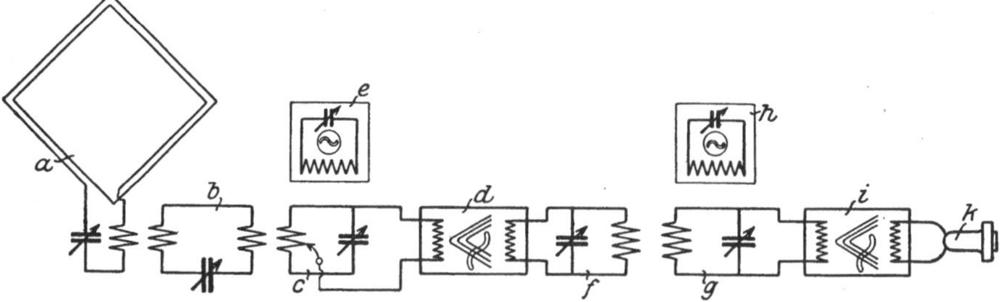

Abb. 53.   Zwischenfrequenzschaltung von Esau und Gothe.

wurde erst bewirkt durch die in Deutschland zuerst von Telefunken ausgebildeten Zwischenfrequenzschaltungen (Graf Arco 1912). Hierbei wird gemäß der Abb. 53 ein Hochfrequenzverstärker angewendet, dessen erste Röhre nach dem ersten Schwingungskreis rückgekoppelt ist.

A. Esau und A. Gothe haben festgestellt (1921), daß man die Abstimmschärfe erhöhen und eine Vergrößerung der Verstärkung dadurch erzielen kann, daß man den ersten Anodenkreis abstimmt und auf das Empfangsgitter der ersten Röhre rückkoppelt. Die mit dieser Anordnung erzielbare hohe Abstimmschärfe geht hervor aus Kurve *b* von Abb. 54.

Da sich insbesondere für den Schnellverkehr die Tendenz einer möglichst weit getriebenen Verstärkung geltend macht, versucht man, die Anzahl der Verstärkerröhren nach Möglichkeit zu vermehren. Man kam hierbei jedoch bald auf den schon früher wiederholt beobachteten Mißstand, insbesondere bei langen Wellen und bei Verwendung von über 5 Verstärkerröhren, daß der Verstärker Eigenschwingungen ausführt infolge der inneren Röhrenrückkopplung. Um dieses zu vermeiden, oder mindestens praktisch unwirksam zu machen, benutzen A. Esau und A. Gothe den Kunstgriff, nicht alle Teile des Verstärkers mit derselben Frequenz arbeiten zu lassen, sondern vielmehr eine Zwischenfrequenz einzuführen, wodurch außerdem die Abstimmschärfe noch wesentlich erhöht wurde.

Das Schema der Anordnung geht aus Abb. 53 hervor. *a* ist die mit Abstimmitteln versehene Spulenantenne, welche in gewöhnlicher Weise auf einen Sekundärkreis *b* und einen Tertiärkreis *c* induziert. Letzterer arbeitet auf einen Dreifach-Hochfrequenzverstärker, wo-

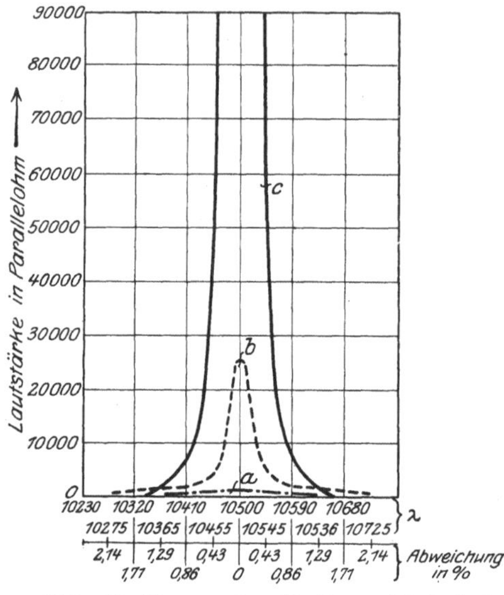

Abb. 54. Kurven der Abstimmschärfe bei verschiedenen Empfangsschaltungen.

bei jedoch vor der Verstärkung mittels des Schwebungszusatzes *e* der Empfangswelle Schwingungen von 10000 Perioden mehr oder weniger als ihrer Eigenperiode entspricht, überlagert werden.

Der die Frequenz von 10000 Perioden gleich 30000 m λ verstärkt wiedergegebene Verstärker *d* ist auf einen auf 30000 m Welle abgestimmten Kreis geschaltet, der in sehr loser Kopplung — im Mittel 0,2 °/₀ — auf einen, auf dieselbe Wellenlänge abgestimmten weiteren Kreis *g* induziert. Diesem letzteren wird durch einen zweiten Schwebungszusatz *h* eine Frequenz von 900 oder 11 000 überlagert, mit anderen Worten also, eine hörbare Frequenz erzeugt, welche durch den Hochfrequenzverstärker *i* z. B. ein Empfangstelephon *k* abgehört werden kann, oder aber unter entsprechender Zwischenschaltung auf ein Relais für Schnellempfangszwecke arbeiten kann.

Die mit dieser Anordnung erzeugte Abstimmschärfe geht aus den Kurven der Abb. 54 deutlich hervor. Es bezeichnet hierin die Kurve *a* die Abstimmschärfe bei normaler Verstärkung mit 4 Röhren, die Kurve *b* die Abstimmschärfe bei Hochfrequenzverstärkung mit Anodenrückkopplung und schließlich *c* die Abstimmschärfe bei der Zwischenfrequenzanordnung mit Hochfrequenzverstärkung, 0,2 °/₀ Kopplung und den beiden 10000-Periodenkreisen.

Der Nachteil der Hochfrequenz-Mittelfrequenz-Niederfrequenzverstärkungseinrichtungen in Kombination mit den Schwebungszusätzen stellt mindestens die Komplikation einer mehrfachen Welleneinstellung und daher einer gewissen Kompliziertheit bei der Bedienung dar. Es muß noch an Hand von entsprechenden Betriebsversuchen festgestellt werden, inwieweit derartige hochentwickelte Einrichtungen notwendig sind, bzw. sich vereinfachen lassen. Es ist aber zu berücksichtigen, daß man bei den heutigen Verkehrs-stationen, insbesondere bei den Großstationen, kaum oder nur selten mit einer Wellen-variation arbeitet, so daß die Einrichtung fast konstant bleibt. Ferner kann man die Anordnung so einrichten, daß man nur den ersten Schwebungszusatz nachzu-stimmen braucht; vielleicht kommt man sogar mit einer Sicherung aus.

5. Einkapselung der Empfänger (Telefunken).

Um die immerhin außer-ordentlich starke Fernwir-kung des eigenen Senders unschädlich zu machen, aber auch, um den Empfänger vor den Wirkungen der im Empfangsraum häufig vor-handenen weiteren Rahmen-empfänger zu schützen (Fara-dayscher Käfig der Marconi-gesellschaft, Telefunken), wird nach A. Esau (1921) die gesamte Empfangsappara-tur in einen innen und außen mit Eisenblech beschlagenen Bedienungskasten gesetzt. Auch die Zwischenlagen (Böden) in den Schränken bestehen aus Eisenblech, wodurch noch der weitere Vorteil, der sehr losen Kopp-lung, der einzelnen Kreise erzielt wird. Abb. 55 zeigt die in Geltow getroffene An-ordnung, wobei der Kasten zur Einregulierung des

Abb. 55. Eingekapselter Zwischenfrequenz-Rahmen-empfänger mit abgeblendeter Antenne von Telefunken (Transradio) in Geltow.

Empfängers geöffnet ist. Auf dem Kasten die drehbare abgeblendete Rahmenantenne. Darunter in dem obersten Fache Primär- und Sekundär-kreis. Im zweiten Fache der erste Schwebungszusatz und darunter der dreifach Hochfrequenzverstärker nebst Gleichrichter einschließlich der für die Verstärkung dienenden Akkumulatoren usw. in der Ausführung für Transradio.

γ) **Störbefreiung von atmosphärischen Störungen und unbeabsichtigten Störsenderschwingungen (Dämpfungsdekrement der Störschwingungen größer als das der Verkehrsschwingungen)[1]).**

1. Störbefreiung durch Beschränkung der Senderenergie.

Es liegt auf der Hand, daß man die einfachste Störbefreiung dadurch erhalten würde, daß man jeden Sender für einen bestimmten Aktionsradius baut, so daß er nur mit seinen zugehörigen Empfängern beabsichtigungsgemäß verkehren kann. Dieses ist einmal deshalb nicht möglich, weil außer den kleinen Stationen noch mittlere und Großstationen miteinander verkehren müssen, also die zwischen Sender und Empfänger liegenden Stationen überdecken; andererseits müssen aber die Sender aus betriebstechnischen und individuellen Gründen mit Energieüberschuß arbeiten, wodurch bereits die Störungsmöglichkeit anderer Empfänger gegeben ist. Immerhin kann in Zukunft bei weiterem Ausbau des drahtlosen Verkehrsnetzes mit ungedämpften Sendern eine wesentliche Verbesserung der Störbefreiung durch Rationierung der Senderenergie in vielen Fällen bewirkt werden.

2. Störbefreiung durch lose Kopplung und gering gedämpfte Empfänger (Gegengewicht).

Schon verhältnismäßig frühzeitig (1903, Mandelstam, Brandes, Rendahl) ist theoretisch und experimentell von Telefunken festgestellt

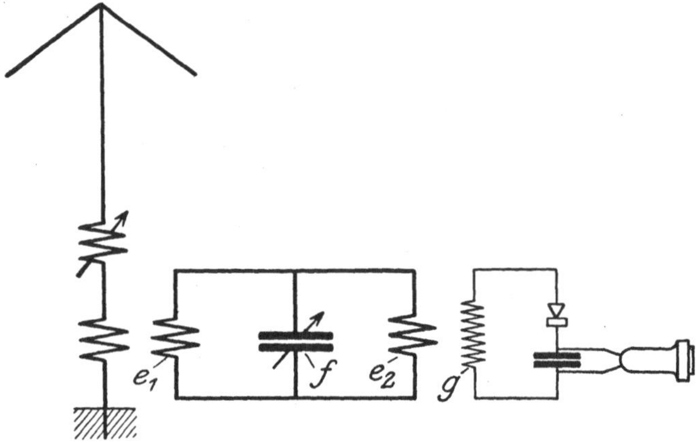

Abb. 56. Sekundärkreisempfang mit geteilter Sekundärspule.

worden, daß zur Vermeidung oder wenigstens zur Abschwächung atmosphärischer Störungen, welche teils von entfernten Blitzen oder anderen elektrischen Erscheinungen der Atmosphäre, teils von Ausgleichsströmen zwischen der Antenne und Erde herrühren, gegenüber den ursprünglichen in der drahtlosen Telegraphie gebrauchten Antennen und festgekoppelten Empfängern ein erheblicher Fortschritt durch die Verwendung gering gedämpfter einwelliger Empfangskreise, welche frei von allen kapazitiven Nebenschlüssen sein müssen — gut sind einlagige Zylinderspulen, eventuell auch

---

[1]) Siehe auch die Bemerkung auf S. 51 mit Bezug auf die Einteilung.

entsprechende Flachspulen, welche am besten für die betreffenden Wellen-
bereiche wahlweise benutzt werden mit kleinem Variometer oder Kondensator in Serie, bzw. parallel geschaltet — und insbesondere einer losen Kopplung der mit dem Detektor verbundenen Empfangskreise mit der Antenne
erreicht wurde. Besonders günstige Resultate konnten nach Angaben von
Marconi mit diesen nur erzielt werden, als man vom einfach gekoppelten
Empfänger auf einen solchen mit mehreren Zwischenkreisen übergegangen
war (siehe Abb. 56) und die Sekundärspule geteilt hatte ($e_1\,e_2$).

Schwach gedämpfte Antennen (z. B. Schirmantennen) sind hingegen hin-
sichtlich der atmosphärischen Störungen nicht günstig, da infolge der geringen
Antennendämpfung die Luftleiteraufladung den Empfänger mit entsprechend
großer Amplitude erregt.

Eine Verringerung der Störungen soll ferner durch Benutzung eines Gegen-
gewichtes an Stelle des direkt geerdeten Luftleiters erzielt werden können.

Da aber insbesondere für die Ermöglichung der losen Kopplung eine nicht
zu geringe Empfangsenergie erforderlich ist, welche namentlich bei kleinen
Stationen und solchen großer Reichweite nicht immer zur Verfügung stehen
wird, und da auch alsdann die gekoppelten Empfänger nicht unter allen
Umständen störungsfrei arbeiten, insbesondere da die grundsätzliche Forderung nicht erfüllt ist, die Störungen überhaupt nicht ins Empfangssystem
hineinzulassen, sind von verschiedenen Gesichtspunkten ausgehend Vor-
schläge gemacht worden, um auch in solchen Fällen einen möglichst störungsfreien Empfang erzielen zu können.

3. Verringerung der Störschwingungen durch gerichtete Sender.

Das Luftleitergebilde eines nicht gerichteten
Senders erregt jeden auf ihn abgestimmten und in
seinem Reichweitenbereich liegenden Empfänger.
Je schärfer ausgeprägt die Richtwirkung des Senders
ist, also je geringer Rücken- und Seitenstrahlung
ist, um so störungsfreier wird der betreffende Sender arbeiten können. Besitzt der Sender a beispielsweise die in Abb. 57 dargestellte Fernwirkungscharakteristik, so wird neben dem Empfänger b,
mit dem zusammen der Sender arbeiten soll, auch
der Empfänger c ansprechen. Hingegen bleiben die
Empfänger d und e, die mit anderen Sendern zu-
sammenarbeiten sollen, von den Schwingungen des
Senders a unbeeinflußt.

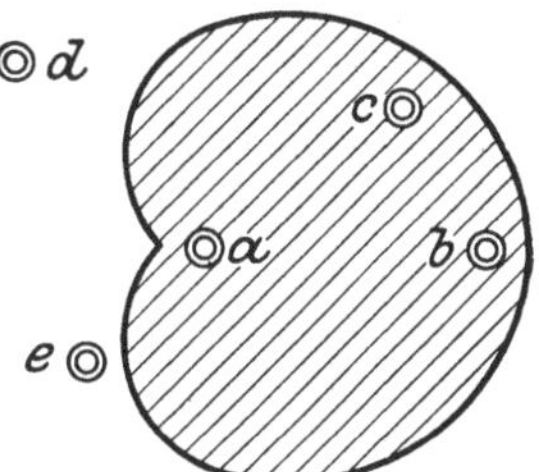

Abb. 57. Angenommene
Fernwirkungscharakteristik
eines gerichteten Senders.

4. Störbefreiung durch besondere Schaltungsanordnungen.

Die nachfolgenden Schaltungen sind seinerzeit zur Verminderung der
atmosphärischen Störungen angegeben worden, gaben aber in dieser Hinsicht wohl kaum jemals einen größeren Erfolg, sind hingegen jetzt zum Teil in
Verwendung gekommen, und zwar zur Ausschaltung von Störungen fremder
Sender.

Schaltungen mit Empfängererdung im Indifferenzpunkt (X-
Stopper) (G. Marconi). Von G. Marconi wurde schon frühzeitig ($\sim$ 1905)
eine Schaltung, deren Schema Abb. 58 wiedergibt, beschrieben, um seine
Empfänger wenigstens vor den allergröbsten atmosphärischen Störungen

in den Tropen zu schützen. Mit dem Luftleiter a ist ein aus zwei Spulen b und d bestehendes System in Serie geschaltet. An der Spule b ist ein variabler, geerdeter Kontakt e vorgesehen, welcher im Spannungsknoten des Gesamtsystems eingestellt wird. Schwingungen dieser Wellenlänge, die den Spannungsknoten e hervorrufen, und auf welche der eigentliche Empfänger f abgestimmt ist, werden nicht wesentlich durch die bei e sich abzweigende Erdleitung geschwächt; hingegen werden Schwingungen anderer Wellenlängen, insbesondere atmosphärische Störungen, wenigstens soweit sie nicht die Antenne in ihrer Eigenschwingung anstoßen, was allerdings leider häufig der Fall sein wird, einen Strom in der Spule b hervorrufen, welcher zur Erde abgeleitet wird, da für diesen Widerstand der Erdleitung bei e ja nur sehr gering ist. Diese Anordnung ist von Marconi auch noch in der Weise modifiziert worden, daß eine Reihe von Abstimmspulen mit Kondensatoren in Serie, hintereinander in die Antenne geschaltet werden, derart,

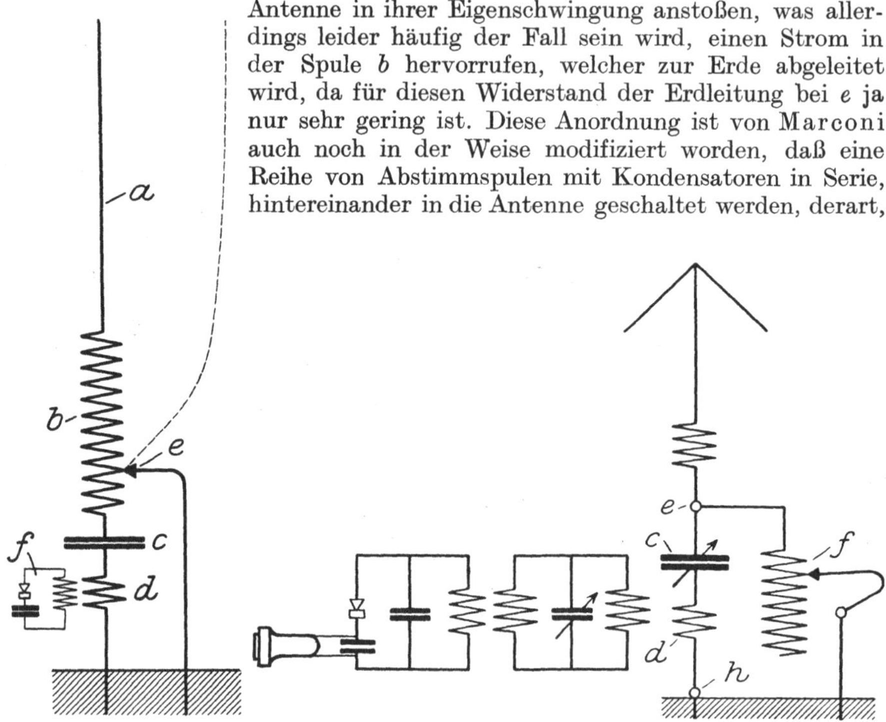

Abb. 58. Störbefreiung durch Empfängererdung im Indifferenzpunkt von G. Marconi.

Abb. 59. Empfängererdung im Indifferenzpunkt bei Sekundärempfang.

daß jeweilig das eine Spulenende geerdet wurde und der Kondensator mit einem variablen Kontakt nach der nächsten Spule geführt war. Man hat auch eine Anzahl von Resonanzkreisen galvanisch miteinander verbunden.

Besser, insbesondere wenn atmosphärische Störungen vom Empfänger mit größtmöglichster Sicherheit abgehalten werden sollen, ist die Schaltung nach Abb. 59. Das System cd ist auf die Betriebswelle des Empfängers abgestimmt, zwischen den Punkten e und h herrscht die Spannung Null. Bei e entsteht also wieder ein Spannungsknoten. Die Störwellen fließen über die Selbsinduktion f nach Erde. Letztere Selbstinduktion kann zweckmäßigerweise durch einen Ohmschen Widerstand ersetzt werden, was um so vorteilhafter ist, je ungedämpfter die Senderwellen sind, da alsdann ein ähnlicher Vorgang zur Ausbildung gelangt wie bei der Schaltung nach Abb. 62 (S. 60). Vorteilhaft macht man die Selbstinduktion (Ohmschen Widerstand) f variabel, damit man jeweilig den günstigsten Wert, entsprechend der benutzten Sender-schwingungszahl, einstellen kann.

Eine etwas andere Ausführung dieses Gedankens der Erdung im Indifferenz-punkt zeigt Abb. 60. Das System $a\,b\,c\,d$ wird auf die Empfangswellenlänge abgestimmt. Im Erdungspunkte e ist das einerseits direkt geerdete System $f\,g$ abgezweigt, welches in sich und zusammen mit dem Luftleiter auf die Stör-wellenlänge abgestimmt ist, so daß für die Störwellenlänge zwischen den Punkten e und h keine Spannung herrscht, da dieser Zweig mit der Störwelle sich in Resonanz befindet. Die Störschwingungen werden daher entsprechend nach Erde abgeleitet, ohne das Empfangssystem zu erregen.

Nullpunktschaltung von R. A. Fessenden. Die nachstehende Nullpunktanordnung von Fessenden verlangt nicht nur wie alle Empfangsanordnungen, besonders

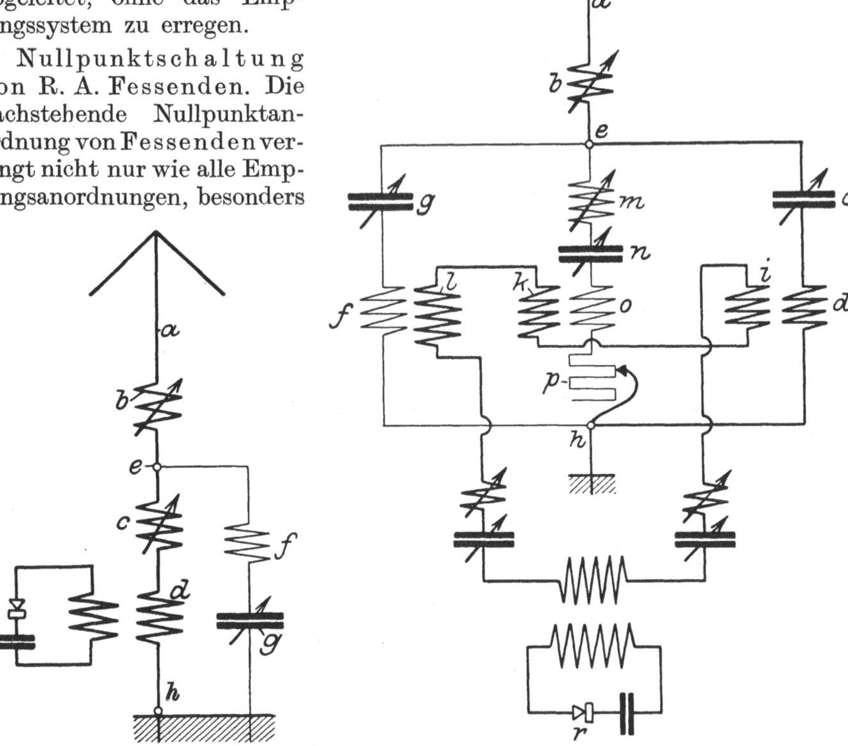

Abb. 60. Indifferenzpunkterdung mit Störwellenabstimmung.

Abb. 61. Nullpunktschaltung von R. A. Fessenden.

aber alle Empfänger mit Differenzwirkung, jede Vermeidung von Verlusten und kapazitiven Nebenschlüssen, sondern auch peinlichst genaue Symmetrie der Leitungsführung der räumlichen Anordnung usw., so daß jede gegenseitige und auch sonstige nicht beabsichtigte Beeinflussung sicher vermieden ist.

In den für die Betriebswellenlänge vorhandenen Nullpunkten e und h (Abb. 61) ist einerseits das für den Empfang inbetracht kommende System $e\,d$ angeschlossen, andererseits sind die Systeme $g\,f$ für die Ableitung der Stör-wellen und $m\,n\,o\,p$ durch den Kopplungstransformator k für die Einregulie-rung der Phase vorgesehen. Die Spulen der Kopplungstransformatoren sind so gewickelt oder derartig geschaltet, daß eine Gegeneinanderwirkung der entstehenden $E\,M\,K$ stattfindet. Bei Aufnahme von Störwellen im Empfänger, wobei die Phaseneinregulierung durch den Kopplungstransformator k zusammen mit dem regulierbaren Widerstand p und die Amplitudeneinregulierung durch Näherung, bzw. Entfernung der Kopplungsspulen $i\,k\,l$ stattfindet, wird der Detektor r alsdann nicht erregt.

Störverhinderungsanordnungen von L. W. Austin, A. Weagant, A. H. Taylor, sowie Otter Cliffsystem. Unter dieser Bezeichnung sind Kombinationsschaltungen zu verstehen, bei denen man Differenzwirkungen zwischen den aufgenommenen Signalen und Störschwingungen, insbesondere atmosphärische Störungen auf dem eigentlichen Empfangskreis erhalten konnte. Das Gemeinsame dieser Kombinationsschaltungen, welche 1918 beim Eintritt Nordamerikas in den Weltkrieg für eine möglichst störungsfreie Verbindung mit Frankreich geschaffen worden sind, besteht darin, daß eine Spulenantenne mit einer gerichteten, meist stark gedämpften Antenne kombiniert wurde. Auf diese Weise sollte eine einseitige Richtwirkung erzielt werden, und es sollte möglich sein, die Anordnung auf die günstigste, störungsfreieste Richtung einzuregulieren. Mit Rücksicht auf die allen derartigen Kombinationsschaltungen anhaftenden Nachteile und die geringe Resonanzfähigkeit des meist benutzten geradlinigen Drahtes, welcher häufig in Seewasser ausgespannt war, und der mit der Spulenantenne die Differenzwirkung hervorbrachte, scheinen aber auch diese Anordnungen, welche in einzelnen Fällen günstige Resultate ergeben haben mögen, im allgemeinen sich nicht bewährt zu haben.

Störbefreiungsschaltung gegen atmosphärische Störungen und gedämpfte Sender bei Benutzung ungedämpfter Verkehrsschwingungen von O. Scheller (Lorenz A.-G.). Eine andere Schaltungsanordnung

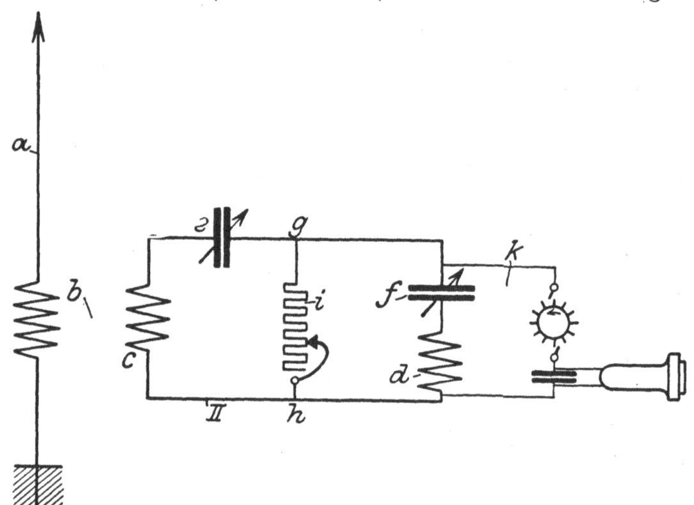

Abb. 62. Störbefreiungsschaltung gegen atmosphärische Störungen bei Benutzung ungedämpfter Verkehrsschwingungen von O. Scheller.

von O. Scheller (Lorenz A.-G.) (1913), welche sich in ihrer Wirkung der von Marconi angegebenen (Abb. 59) nähert, insbesondere, um sich bei Benutzung von ungedämpften Schwingungen wenigstens gegen stark gedämpfte Störer (Funkensender oder Luftstörungen) zu sichern, ist in Abb. 62 wiedergegeben. Hierbei ist a eine gewöhnliche, nicht zu schwach gedämpfte Antenne, welche

z. B. mittels des Transformators bc induktiv die Energie auf das Empfangs-system II überträgt. Dieses kann aus zwei Spulen cd und zwei regulierbaren Kondensatoren ef bestehen. Die Größen dieser Spulen und Kondensatoren sind so gewählt, daß das Produkt aus Kapazität und Selbstinduktion jedes Zweiges gleich ist, so daß in den Punkten gh keine Spannungsdifferenz vorhanden ist. Infolgedessen kann bei Erregung mit ungedämpften Schwingungen zwischen die Punkte gh ohne weiteres ein entsprechender Ohmscher Widerstand geschaltet werden, ohne daß irgend etwas am Verlauf der Schwingungen geändert wird, da dieser Widerstand stromlos bleibt.

Dies gilt jedoch nur für den stationären Zustand.

Bei Beginn des Vorganges, d. h. wenn die ersten Schwingungen auf das System auftreffen, führt der Widerstand Strom. Hier wirkt das System wie eine einfache Stromverzweigung. Je kleiner der Widerstand ist, desto größer wird der Strom. Es ist deswegen dafür zu sorgen, daß der Widerstand möglichst selbstinduktionsfrei ist. Die Energie, welche durch den Widerstand geht, wird durch diesen vernichtet. Es gilt dies sowohl für gedämpfte, als auch für ungedämpfte Schwingungen. Bei gedämpften Schwingungen werden also die ersten Schwingungen deswegen am stärksten geschwächt. Da die weiteren Schwingungen an sich kleinerer Amplitude sind, so ist damit auch der größte Teil der Energie überhaupt vernichtet, und zwar tritt dies um so stärker ein, je stärker gedämpft die Schwingungen sind.

Ganz anders bei ungedämpften Schwingungen.

Hierbei ist die Aufschaukelungszeit, während welcher die Schwingungen durch den Widerstand ebenfalls eine Schwächung erfahren, an sich geringer, jedenfalls aber gegenüber der langen Zeit des Empfangs von Schwingungen gänzlich zu vernachlässigen. Es ist also rasch ein stationärer Zustand im geschlossenen Empfangssystem II erreicht, und die Amplituden in dem mit dem eigentlichen Empfänger gekoppelten System df haben bald eine konstante Höhe erreicht; nur die ersten Schwingungen während des Aufschaukelns erfahren eine an sich belanglose Schwächung. Die ungedämpften Schwingungen, selbst diejenigen, die die gleiche Wellenlänge wie die Störer besitzen, werden nur unwesentlich geschwächt.

Die Störbefreiungsschaltung wird um so vollkommener arbeiten, je stärker gedämpft die anzuschaltenden Störschwingungen sind.

Zur Verminderung der Störungen kann außer den Hochfrequenz-Selektionskreisen und den Mittelfrequenzkreisen (siehe Zwischenfrequenzanordnung) auch noch eine Niederfrequenzselektion treten. Niederfrequenz-Selektionskreise am Empfänger sind aus der Technik der tönenden Löschfunken bereits bekannt. Für ungedämpfte Sender ergaben sie höhere Selektionseffekte als bei Funkensendern wegen der Gleichmäßigkeit und Reinheit des Schwebungstones. Eine Spezialempfangsanordnung zu diesem Zwecke stammt von A. Weagant.

Kombinierte Empfangsschaltung für Ausnutzung der Wellenfrequenz und Wellenzugfrequenz von A. Weagant. Um eine noch größere Störungsfreiheit wenigstens für Signale von tönenden Funkensendern herbeizuführen, kann eine kombinierte Empfangsschaltung (A. Weagant, 1918) benutzt werden, welche auf der gleichzeitigen Ausnutzung der Wellenfrequenz und Wellenzugfrequenz basiert, d. h. es erreichen läßt, neben der Empfangsabstimmung auf die Wellenlänge noch eine solche auf die Tonhöhe durchzuführen.

Gemäß Abb. 63 ist die Wellenfrequenz des Empfängers gegeben durch die Distanz mn, die Wellenzugfrequenz durch die Distanz mo. Beide sollen zur Einwirkung auf den Empfangsindikator (Telephon) gebracht werden, wodurch eine weitere Aussiebung nicht gewünschter Wellen und Wellenzugsgruppen (Tonfrequenz) erzielbar ist. Hierzu soll beispielsweise eine Anordnung gemäß Abb. 64 Anwendung finden. Der primäre Antennenstromkreis a ist in gewöhnlicher Weise mit Abstimmitteln zum Empfang der ankommenden

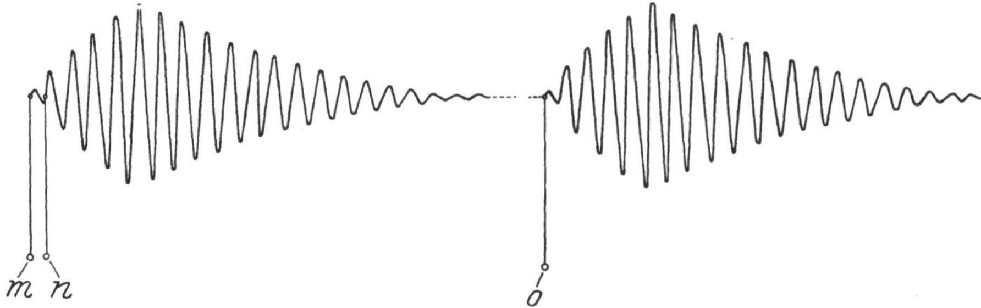

Abb. 63. Wellenfrequenz und Wellenzugfrequenz für Ausnutzung in der Schaltung von Weagant.

Schwingungen in dem gewöhnlichen Wellenlängenbereiche eingerichtet. Mittels der Kopplungsspule b wird die Energie auf den geschlossenen Schwingungskreis $c\,d$ übertragen, welcher beispielsweise auf eine Wellenlänge von 300 m (entsprechend Distanz $m\,n$ von Abb. 63) abgestimmt ist. e ist ein Blockkondensator, f ein Kristalldetektor, welcher Gleichrichtereigenschaften besitzen möge.

Außerdem ist mit diesem sekundären Empfangssystem noch ein drittes System verbunden, welches aus einem relativ großen veränderlichen Kondensator g, aus großen variablen Abstimmpulsen $h\,i$ — es kann auch i ein entsprechend

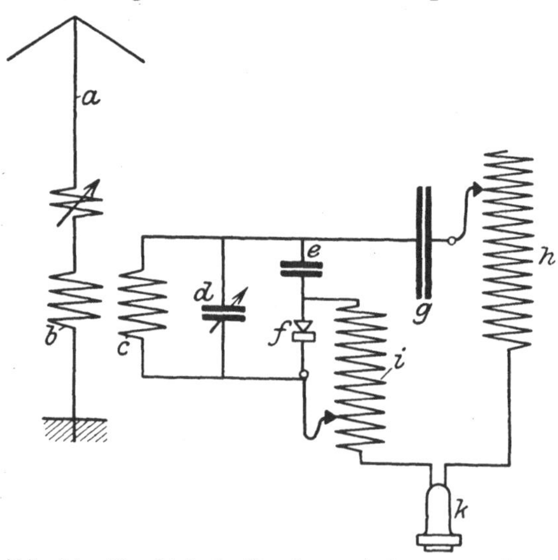

hoher Widerstand sein — und einem Telephon k besteht. Dieses dritte System $e\,g\,h\,i\,k$ ist auf die Wellenzugfrequenz, entsprechend $m\,o$, z. B. auf $\lambda = 50\,000$ m von Abb. 63 abgestimmt. Die Wirkungsweise ist daher folgende:

Durch das System $c\,d\,f\,e$ werden nur Schwingungen der betreffenden Wellenlänge, auf welche das System abgestimmt ist, aufgenommen, und nur sofern eine der Wellenzugfrequenz des fernen Senders entsprechende Abstimmung des Systems $e\,g\,h\,k\,i$ vorhanden ist, wird das Telephon k zum Ansprechen gebracht. Man nutzt also für die Abstimmung die Wellenfrequenz und die Wellenzugfrequenz aus.

Abb. 64. Kombinierte Empfangsschaltung zur Ausnutzung der Wellenfrequenz und Wellenzugfrequenz von A. Weagant.

Störwirkungsverminderung durch zwei gegeneinander geschaltete Ventildetektoren. Von Marconi wird ferner noch als weiteres Mittel gegen atmosphärische Störungen die Gegeneinanderschaltung zweier

Detektoren (siehe Abb. 65), welche Ventilwirkung (Gleichrichtung) besitzen, angewendet, wobei der erste Detektor eine andere Empfindlichkeit besitzt, bzw. auf eine solche einreguliert wird, als der zweite Detektor, was praktisch wohl stets der Fall sein kann oder aber durch Variation des Erregerstromes bei Vorhandensein von Röhrendetektoren. Es soll jedoch die Empfindlichkeitsdifferenz beider Detektoren eine möglichst große sein, da bei genau gleicher Empfindlichkeit eine Einwirkung auf das Telephon nicht eintreten würde.

Beim normalen Empfang wirkt also nur der empfindliche Detektor, welcher die aufgenommenen Schwingungen gleichrichtet, während bei stärkeren atmosphärischen Störungen beide Detektoren in Tätigkeit treten und auf das Empfangstelephon nur eine entsprechend geringere Differenzwirkung hervorgerufen wird.

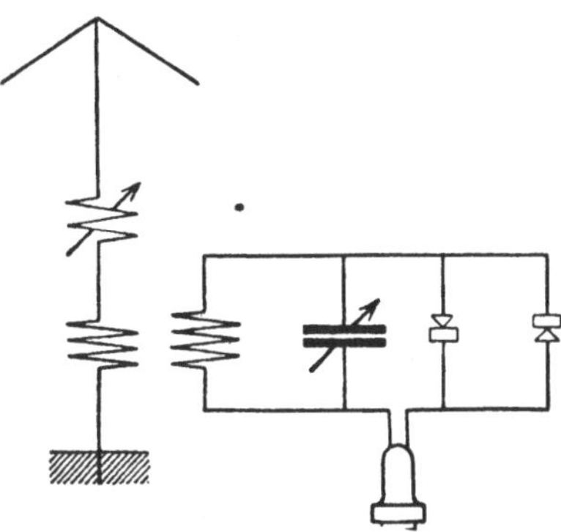

Abb. 65. Störverminderungsanordnung durch zwei gegeneinander geschaltete Ventildetektoren.

Man kann auch gemäß Abb. 66 die beiden Detektoren in einen Zwischenkreis legen und mit einem dritten Detektor empfangen.

Störbefreiungsschaltung mit Röhrenzwischenkreis von Marconi und Telefunken. Es ist ferner auch versucht, bzw. in Vorschlag gebracht worden, die Röhre zur Störbefreiung zu benutzen. Die Anordnung, welche Marconi zu diesem Zweck anzuwenden beabsichtigt, arbeitet gemäß Abb. 67 im Zwischenkreis mit Röhre, also mit Strombegrenzungseinrichtung.

Der Glühdraht c der Röhre soll nur so weit erhitzt werden, daß zwar ein Thermionenstrom erzeugt wird, daß aber möglichst keine Verstärkung hierdurch herbeigeführt wird. Der Glühdraht soll im üb-

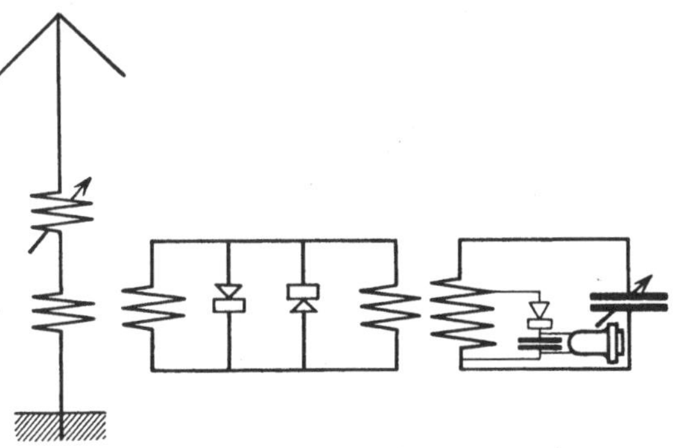

Abb. 66. Gegeneinander geschaltete Detektoren im Zwischenkreis. Empfang mit drittem Detektor.

rigen nur zum Teil mit einem die Elektronenemission begünstigenden Material versehen werden. Im übrigen soll ein in der Abbildung nicht dargestellter Magnet vorgesehen werden, um einen dünnen Pfad des Elektronenstromes herbeizuführen, welcher bequem geleitet werden kann.

Die Anordnung ist gemäß Abb. 67 so getroffen, daß von dem zwischen der Antenne m und dem Empfänger e liegenden Kreis die Spulen h und i und auch die Spulen g und k aufeinander induzieren können, daß aber noch eine besonders abgezweigte Spule l des Zwischenkreises vorgesehen ist, welche mit der Spule g derart zusammenwirkt, daß nur dann Schwingungen durch den Zwischenkreis hindurchgehen, wenn die Kathode c glühend ist. Im nichterhitzten Zustand der Kathode gehen infolge der Anordnung der Spulen $l\,g$ keine Schwingungen durch den Zwischenkreis hindurch.

Infolgedessen soll es mit der Einrichtung möglich sein, besonders stark gedämpfte Schwingungen, auch wenn deren Amplituden erheblich sein sollten, durch den Schwingungskreis unschädlich zu machen.

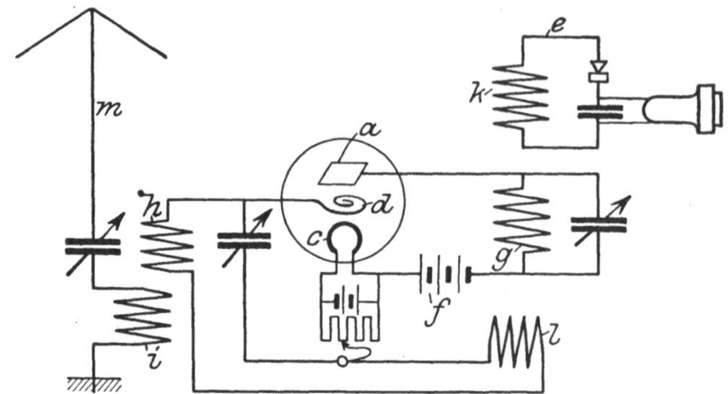

Abb. 67. Störbefreiungsschaltung mit Röhrenzwischenkreis von Marconi und Telefunken.

5. Schutzschaltung gegen stark gedämpfte Störer mittels zweier Antennen.

Die Empfangsstation ist mit zwei Antennen ausgerüstet, von denen die zweite gegen die erste etwas verstimmt ist. Bei normalem Empfang spricht nur die abgestimmte Antenne an. Bei atmosphärischen Störungen (stark gedämpfte Störer allgemein) erfahren beide Antennen und beide mit diesen verbundene Empfangskreise Stöße, welche sich gegenseitig aufheben, indem alsdann die Detektoren gegeneinander wirken (siehe auch Abb. 66, S. 63).

6. Abschirmkäfig um die Empfangsantenne zur Ableitung der elektrischen Antennenaufladungen (Faradayscher Käfig, M. Dieckmann, Ch. Buck).

M. Dieckmann hat vorgeschlagen, die Empfangsantenne mit einem Faradayschen Käfig abschirmender, untereinander mit Erde verbundener Drähte, welche parallel zu den Einzelleitern der Empfangsantenne verlaufen sollen, zu versehen, wobei diese Abschirmdrähte entweder sehr wesentlich gegen die Empfangswellen durch eingeschaltete Selbstinduktionsspulen verstimmt oder besser noch durch Einschaltung von Ohmschen Widerständen aperiodisch gemacht und senkrecht zur Richtung der elektrischen Feldintensität der ankommenden Wellen angeordnet sind.

Wenn es auch nur in beschränktem Umfange möglich sein wird, durch diese Anordnung die Empfangsstörungen zu verringern, insbesondere aus dem Grunde, daß die parallel zu den Empfangsschwingungen führenden Antennenleitern verlaufen und infolge der auftretenden Induktionswicklungen auch außerdem einen nicht unerheblichen Teil der Empfangsenergie aufzehren, so können doch die Ausgleichsströme zwischen Antenne und Erde, welche durch die statischen Aufladungen hervorgerufen werden, wesentlich geschwächt werden.

Dieser Gedanke des Faradayschen Käfigs ist von Ch. Buck (1910) noch weiter entwickelt worden, indem diejenigen Teile der Abschirmleiter, welche den Käfigraum nach außen hin abgrenzen sollen, so geführt sind, daß sie die Endpunkte aller derjenigen Kraftlinien des elektrostatischen Erdfeldes auf

sich vereinen, welche sonst in die Leiter des Luftdrahtgebildes eingemündet
wären, und wobei ferner diese Leiter so geführt sind, daß sie möglichst nicht
in Richtung der elektrischen Feldintensität verlaufen. Die diese Leiter miteinander verbindenden Ausgleichdrähte — im allgemeinen wird eine Aus-
gleichsleitung genügen, was wichtig ist, da es sich hierbei nicht völlig wird
vermeiden lassen können, daß dieselbe ganz oder teilweise in Richtung der
elektrischen Feldintensität verläuft — werden wie oben durch eingeschaltete,
selbstinduktive oder Ohmsche Widerstände gegen die ankommenden Schwingungen verstimmt oder schwingungsunfähig gemacht.

Abb. 68 zeigt schematisch die Anordnung für eine einfache Vertikalantenne a. Um diese ist das Abschirmsystem b aufgebaut. c ist eine Ausgleich-
leitung, in welche die selbstinduktiven oder Ohmschen Widerstände f eingeschaltet sind.

Das Abschirmsystem b nimmt daher Erdpotential an und deformiert die
luftelektrischen Potentialflächen, deren Schnitte mit einer durch die Spur-

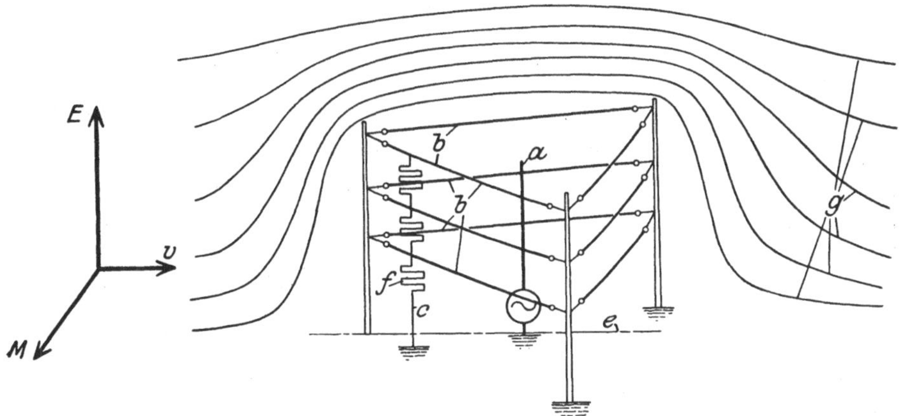

Abb. 68. Faradayscher Käfig nach Dieckmann-Buck.

linie e gelegten Vertikalebene mit g bezeichnet sind, so daß die Antenne sich
in einem Raume befindet, der annähernd frei von dem elektrostatischen
Erdfeld ist.

Es ist bei dieser Anordnung ersichtlich, daß die Energie solcher Wellen
mit horizontaler Fortpflanzungsrichtung v, deren elektrische Feldintensität E
in einer vertikalen Ebene und deren magnetische Feldintensität M in einer
horizontalen Ebene liegt, nicht wesentlich geschwächt oder reflektiert wird,
da in Richtung der elektrischen Feldintensität außer der Antenne a nur die
eine nicht schwingende Ausgleichleistung $f\,c$ vorhanden ist.

Alle derartigen Schutzvorrichtungen können im allgemeinen selbstverständlich nur in geringfügigem Maße die atmosphärischen Störungen verringern,
sofern nicht auch gleichzeitig ein erheblicher Energieverlust durch diese Einrichtungen bedingt ist. Letzteres wird wohl allerdings der Fall sein, da stets
alle im Antennenfeld angeordneten Metallmassen, namentlich wenn dieselben
so erheblichen Umfang besitzen wie die Abschirmkäfige, stark energiever-
zehrend wirken.

Abgesehen von Spezialfällen kommen daher zur Verringerung der atmosphärischen Störungen Abschirmkäfige für die Praxis wohl kaum inbetracht.

7. Störbefreiung durch Rahmenantenne mit Verstärkungs-
einrichtungen.

In ausgezeichneter Weise und wohl mit den einfachsten Mitteln kann man sich mindestens von allen denjenigen atmosphärischen Störungen, welche durch die statische Aufladung der Hochantenne durch atmosphärische Einflüsse herbeigeführt werden, gleichgültig wie groß ihr Dämpfungsdekrement ist, dadurch frei machen, daß man an Stelle der Hochantenne oder auch der Niedrigantenne und der direkten Erdung, welch letztere mit Bezug auf die Beeinflussung durch atmosphärische Störungen kaum wesentlich günstiger als die Hochantenne ist, da offenbar ein Hinziehen von Potentialflächen bewirkt wird, eine Spulenantenne mit Hochfrequenzverstärkung - Audion - Niederfrequenzverstärkung wählt, mit anderen Worten, indem man einen Spulenempfängerverstärker [1]) anwendet. Die Anordnung der Rahmenantenne unter einem wetterschützenden Dach bringt den Vorteil der konstanten hohen Isolation und hält diejenigen Störungen ab, welche durch statische Aufladungen (Regen, Schnee) übertragen werden. Bedingung ist hierfür wenigstens bisher, daß man mit der Verstärkung nicht allzu hoch geht, da sonst die lokalerzeugten Schwingungen des Empfängers, welcher als Sender von Schwingungen, wenn auch sehr geringer Intensität wirkt, eine Störung des eigenen Empfängerbetriebes bewirken könnte. Zehntausendfache Energieverstärkung, im höchsten Falle jedoch etwa hunderttausendfache Energieverstärkung sind zur Zeit etwa die obere Grenze. Selbst wenn sehr starke atmosphärische Störungen vorhanden sind, welche bei Benutzung einer Hochantenne und eines Sekundärempfängers eine Zeichenaufnahme unmöglich machen, ist ein Empfang mit Spulenempfänger noch ohne weiteres zu erzielen, indem die durch die atmosphärische Elektrizität hervorgerufenen Ladungs- und Entladungserscheinungen im Spulenempfänger lediglich kurze Stöße hervorrufen, welche nur ganz augenblicksweise die Röhrenapparatur in ihrer Tätigkeit beeinträchtigen, so daß immerhin mit einem dauernden Empfang gerechnet werden kann.

Man ist ferner meist in der Lage, sich durch entsprechende Drehung der Spulenantenne selbst bei großer Energie des eigenen Senders von den Telegraphierzeichen desselben freizumachen, auch wenn der Abstand zwischen Sender und Empfänger nur gering ist.

Da infolge der Spulenantennenform die hierbei vorhandene Dämpfung ein Minimum ist, ist im übrigen Primärempfang für die Abstimmschärfe wohl meist ausreichend.

8. Bellini-Tosi-Schleife.

Während die Rahmenantenne in ihrer Größe durch die Forderung der mechanischen Drehung begrenzt ist, kann die Bellini-Tosi-Schleife, welche ohne schützendes Dach aufgestellt wird, erheblich größere Abmessungen erhalten. Die mechanische Drehung ist hierbei ausgeschlossen. Sie wird ersetzt durch eine Felddrehung. Die Felddrehung wird erreicht dadurch, daß zwei Schleifen z. B. an einem gemeinschaftlichen Mast in zwei um 90°

---

[1]) Von J. Weinberger sind 1921 zusammen mit der Radio Corporation of Amerika sehr eingehende Versuche über die Störbefreiung mit verschiedenen Verstärker-Gleichrichter-Strombegrenzerschaltungen gemacht worden. Es wurden dabei teils Eisentransformatoren, teils eisenlose Transformatoren benutzt. Es zeigte sich, daß die besten Resultate eine Schaltung mit abgestimmtem Verstärker, der auf einen Gleichrichter, und darauf auf den Tintenschreiber arbeitete, ergab. (Siehe J. Weinberger [H. Eales], Verstärkerschaltungen in Verbindung mit dem Tintenschreiber nach Weinberger. Jahrb. der drahtlosen Telegraphie **20**. 1922. S. 88.)

gedrehte Ebenen angeordnet sind und daß die Ströme der beiden Schleifen durch das bekannte Radiogoniometer so benutzt werden, daß sich durch die Einstellung desselben ein drehbares Antennenfeld ergibt. Auch die Bellini-Tosi-Schleife kann durch Hinzufügung einer Vertikalkomponente einseitig gemacht werden und ergibt dann ein drehbares Kardioidenfeld.

9. Gerichtete abgeblendete Empfangsantenne von Telefunken.

Wenn auch einige der vorgenannten Störbefreiungsmethoden gelegentlich den Erwartungen entsprochen haben, wie insbesondere die Kompensationsmethoden, so dürfte doch das zweckmäßigste Störbefreiungsmittel in der Benutzung einer gerichteten abgeblendeten Spulenempfangsantenne liegen (Telefunken). (Siehe auch Abb. 101, S. 91.) Die Anordnung ist hierbei so getroffen, daß die Spulenantenne, deren Feldkurve an sich schon unsymmetrisch ist, noch weiterhin dadurch verzerrt wird, daß sie einseitig abgeblendet wird durch Kombination mit einer Vertikalantenne, welche in geeigneter Phase und Intensität das resultierende Empfangsfeld verzerrt. Man hat auf diese Weise noch den Vorteil, daß man durch einfache Drehung der Spulenantenne beim Wandern des Störungszentrums sich von den Störungen frei machen kann. Die Anwendung zeigt Abb. 69. *a* und *b* sind die beiden symmetrischen Teile der Spulenantenne, deren Mitte über die Abstimm- und Kopplungsspule *c* verbunden ist. In der genauen Mitte dieser Anwendung ist der Abstimm- und Schwungradkreis *d e* abgezweigt. Mit der Anordnung ist der eigentliche, hochwertige Empfänger *f* verbunden. Mit der oben angegebenen Störverminderungsschaltung von L. W. Austin, A. Weagant, A. H. Taylor, sowie dem Otter Cliffsystem hat diese Anordnung natürlich nichts Gemeinsames, da es sich bei der gerichteten Telefunkenantenne um hochresonanzfähige, scharf abgestimmte Systeme handelt.

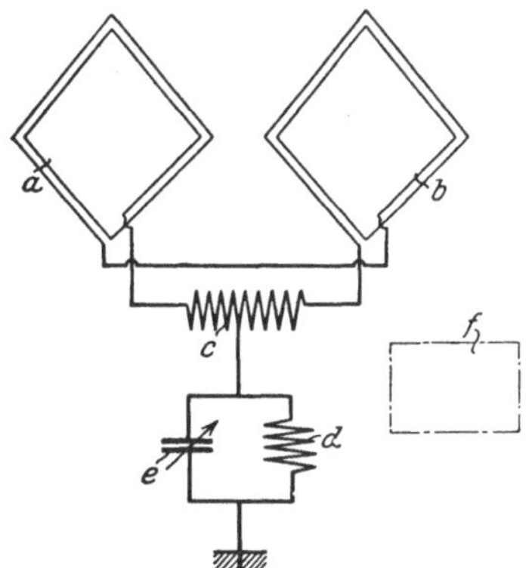

Abb. 69. Abgeblendete Empfangsantenne mit Richtwirkung von Telefunken.

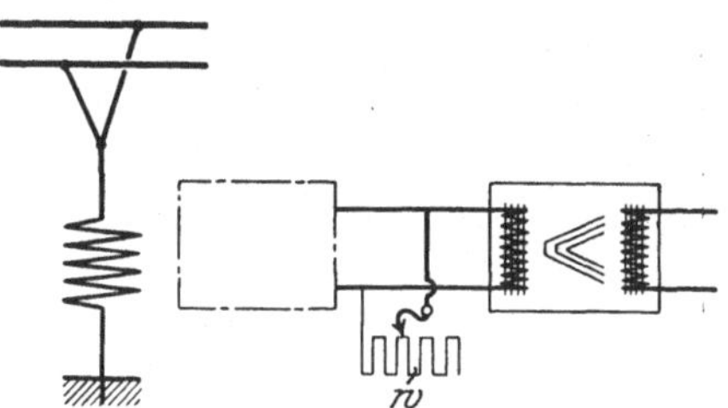

Abb. 70. Parallelwiderstand zur Störverminderung.

10. Subjektive Störverminderung durch Anordnung eines Parallelwiderstandes.

Eine subjektive Verminderung der Wirkung von Störern, insbesondere der atmosphärischen Störungen ist bei der Schnellempfangsanordnung von F. Banneitz (1920) erzielt worden. Hierbei wird hinter dem Audion-Primär-Sekundär-Tertiärempfänger und dem Dreifach-Niederfrequenzverstärker ein einregulierbarer selbstinduktionsfreier Widerstand *w* geschaltet (siehe Abb. 70), welcher bei richtiger Einstellung eine Wirkung der Störer auf den Empfänger und ein Inschwingunggeraten des Verstärkers verhindern soll. Der Nachteil dieser Anordnung ist der im übrigen gleiche wie bei allen ähnlichen Schaltungen,

darin bestehend, daß die Störung überhaupt auf den Empfänger zur Einwirkung gelangt und sogar erst hinter dem Detektor eliminiert werden soll.
Mindestens erscheint es fraglich, ob sie bei allen Schnellempfangsanord-
nungen Genüge leisten wird.

Abb. 71. Inneres des Stationsraumes in Geltow von Transradio.

B. Allgemeine Empfängeranordnung.

Unter Berücksichtigung vorstehender Gesichtspunkte sind außer den
unter A a) besprochenen prinzipiellen Anordnungen von Telefunken (1922)
Empfänger für Transradio geschaffen worden, von denen Abb. 71 und Abb. 72
Ansichten zeigen.

Unter Benutzung der modernen Zwischenfrequenzverstärkeranordnungen von A. Esau und A. Gothe ist man nicht mehr genötigt, mit dem im Freien aufgestellten großen Empfangsrahmen großer Dimensionen zu arbeiten, wie dies bisher auch in Geltow für den Amerikadienst noch der Fall war. Der-

Abb. 72. Inneres der Eisenblech-Empfangskammer für den Amerikaverkehr in Geltow.

artige große Rahmen besitzen mancherlei Nachteile. Zunächst den, daß sie im allgemeinen nicht drehbar sind. Hierdurch fehlt die Möglichkeit, bei abgeblendeter Anordnung sich auf das Minimum des Störungsherdes ein- zudrehen. Weiterhin haben aber solche Antennen noch alle anderen Nach- teile, welche Einrichtungen im Freien besitzen, die sich hier besonders störend bemerkbar machen können, da z. B. durch Luftfeuchtigkeit kapazitive Schlüsse zwischen den Spulenwindungen auftreten können.

Alles dies fällt bei der Anordnung der Empfangsrahmen im Stationsinnern fort. Abb. 71 zeigt das Innere des Stationsraumes von Geltow für Transradio. Dieser Empfangsraum ist grundsätzlich verschieden von allen früheren Empfängeranordnungen. Die Einstellung und gelegentliche Kontrolle der Empfänger wird durch einen einzigen hochwertigen Funkbeamten bewirkt, welcher mit sämtlichen Einrichtungen, Einstellungsschwierigkeiten, Störbehebungen usw. vollkommen vertraut ist. Die wichtigste Tätigkeit dieses Funkenempfangsbeamten besteht, abgesehen von der Einstellung der Empfänger, darin, daß er etwaige fremde Störer, insbesondere atmosphärische Störungen durch Nachregulierung, Neueinstellung usw. zu mildern sucht. Von Zeit zu Zeit steht er mit dem Empfangsbeamten der Verkehrsleitungsstelle (in Berlin) in telephonischer Verbindung. Der mittlere größte Rahmen dient für den Amerikadienst. Der im Hintergrunde rechts befindliche Rahmen ist gleichfalls für den Verkehr mit Nordamerika vorgesehen, und der links im Hintergrunde oberhalb des Empfängerkastens sichtbare kleine Rahmen dient für den Verkehr mit Spanien. Der ganz links im Mittelgrunde angeordnete Rahmen mit Empfänger ist für den Romverkehr eingerichtet. Der im Vordergrunde links montierte Rahmen ist für den Moskauverkehr bestimmt, während der darüber befindliche Rahmen für Reservezwecke vorhanden sein soll. Auf dieser Abbildung nicht wiedergegeben ist die auch im Innern zugängliche, mit Eisenblech ausgeschlagene Empfängerkammer für den Amerikaverkehr, deren Inneres Abb. 72 darstellt. Mit dem an der Decke befindlichen Handrad wird der Rahmen in Abblendungsschaltung gedreht, um das Optimum zu erreichen. Auf der Tischfläche sind die Spulen, Kondensatoren, Schwebungszusätze und Verstärker erkennbar. Die Spulen sind, um Einflüsse elektrischer und magnetischer Natur tunlichst auszuschließen, von A. Esau in viereckige Isolationskästen eingeschlossen. Durch einfache Verschiebung dieser beliebig aufstellbaren Kästen wird die meist sehr lose Kopplung zwischen den Kreisen hergestellt. Das Prinzip dieser Empfängeranordnung steht im grundsätzlichen Gegensatz zu den Konstruktionen, welche in Kriegs- und Nachkriegszeit üblich waren. Dort waren meist nur Paneele für die Bedienung vorhanden, aus denen eine vielfach sehr erhebliche Zahl von Handgriffen herausragte. Ohne daß der Bedienungsmann mit dem Innern der Apparatur vertraut war, konnten rasch die jeweilige Welleneinstellung und Kopplung bewirkt werden, was bei dem häufigen Wellenwechsel notwendig war. Die damaligen Erfordernisse sind bei den Schnellverkehrsempfängern vollkommen hinfällig geworden. Die Welle ist meist konstant und wird nur in geringfügigen Grenzen von hochwertigem Personal, ebenso auch die Kopplung, Röhreneinstellung usw. nachreguliert. Infolgedessen konnte eine allen Hochfrequenzgrundsätzen entgegenkommende Anordnung wie z. B. in Abb. 72 getroffen werden.

In dem Empfängerraum wird nur mit Gleichstrom gearbeitet; Wechselstrom findet keine Verwendung. Die Speisung der Hilfskreise usw. und die Beleuchtung wird aus einer Akkumulatorenbatterie bewirkt.

Im einzelnen dienen die in Abb. 72 wiedergegebenen Apparate folgenden Zwecken: auf dem oberen Brett links befindet sich zunächst der Rahmen-Abstimmkondensator, daneben die Rahmenkopplungsspule, die Zwischenkreiskopplungsspule und der Zwischenkreisabstimmkondensator. Auf der unteren Tischfläche von links angefangen die Zwischenkreisselbstinduktion, die Tertiärkreisselbstinduktion, der Tertiärkreiskondensator, die Rückkopplungsspule für Hochfrequenz, der Hochfrequenzverstärker (der hochgebaute Kasten) und der Schwebungszusatz für Hochfrequenz ganz hinten in der Ecke. Auf der im Hintergrunde in der Mitte verlaufenden Tischfläche die Zwischenfrequenzkopplungsspule, der Zwischenfrequenzschwebungszusatz, die Zwischenfrequenzselbstinduktion, die Zwischenfrequenzrückkopplungsspule und der Zwischenfrequenzverstärker mit einer Leitungsverbindung, welche nach der unterhalb der Tischfläche befindlichen Akkumulatorenbatterie verläuft. Auf der rechts nach vorn verlaufenden Tischfläche, von hinten angefangen, der Zwischenfrequenzabstimmkondensator, die elektrische Tonselektion und der Niederfrequenzverstärker.

C. Schreibapparate.

a) Morseschreiber.

α) Der Wheatstone-Empfänger.

Der Wheatstone-Empfänger ist ein polarisierter Morsefarbschreiber, bei welchem die Empfangszeichen auf einem fortlaufenden Papierstreifen

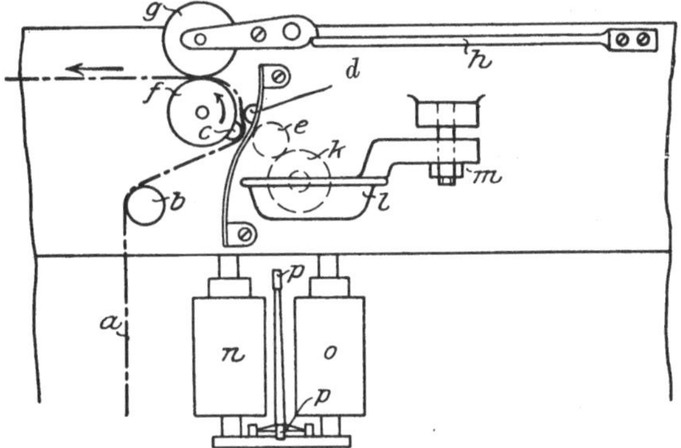

Abb. 73. Schema des Wheatstone-Schreibers.

kenntlich gemacht werden, wie beim Morseschreiber. Das Schema der Anordnung folgt aus Abb. 73. Der Papierstreifen a läuft über ein Führungsstück b und passiert alsdann zwei Stahlstifte c und d, um die richtige Lage des Streifens zum Farbrädchen e zu fixieren. Weiter geht der Papierstreifen zwischen zwei Rollen f und g hindurch, welch letztere durch eine Feder h gegen die Rolle f gedrückt wird. Die Rolle f wird durch das Laufwerk des Apparates in Drehung versetzt und transportiert infolgedessen den Streifen a in der durch Pfeile gekennzeichneten Richtung. Das Farbrädchen e rollt auf einem andern etwas größeren Rädchen k, welches dauernd in die Farbflüssigkeit eintaucht. Auf diese Weise wird eine gleichmäßige Benetzung des Schreibrädchens e mit Farbflüssigkeit bewirkt. Der Farbbehälter l wird durch eine Schraubvorrichtung m in der richtigen Höhenlage eingestellt erhalten. Die Betätigung des Wheatstoneschen Empfängers erfolgt durch die beiden Elektromagnete n und o, zwischen deren Polschuhen die aus weichem Eisen bestehenden Zungen p mit gemeinsamer Achse angeordnet sind. Beim Stromdurchgang durch die Elektromagneten

n und o bilden sich an den gegenüberliegenden Polschuhen ungleichnamige Magnete aus, und bei Stromdurchgang erfährt die Zungenachse pp eine Drehung. Etwa am oberen Ende der Achse pp ist ein besonderer Halteteil montiert, der sich zusammen mit der Achse bewegt. Dieser Teil ist mit der Achse des Schreibrädchens e verbunden, wodurch die Betätigung des Empfängers bei Stromübergang erfolgt.

Die Vorteile des Wheatstone-Empfängers sind dieselben wie beim Morseschreiber: die Aufzeichnung geht dauernd auch während langer Zeiträume vor sich, sie ist billig und die aufgeschriebenen Zeichen sind ohne weiteres lesbar.

Als Nachteile sind anzuführen, daß Störungen sich zumeist genau so kenntlich machen wie Buchstaben, d. h. als Punkte oder Striche, und daß die notwendige Empfindlichkeit des Relais leicht Störungen wie z. B. Kleben des Morseankers im Gefolge haben kann.

Obwohl es Siemens & Halske gelungen ist, einen sog. Schnellmorse auszubilden, bei dem die bewegten Massen besonders leicht gehalten wurden, und mit diesem bis zu 160 Wörter pro Minute geleistet werden können, ist dennoch ein eigentlicher Schnellverkehr mit allen Vorteilen wie beim Typendrucker nicht möglich.

β) Schnell-Morseschreiber von Siemens & Halske.

Der ursprünglich die drahtlose Nachrichtenübermittlung allein beherrschende Kohärer-Morseschreiber war, abgesehen von der Unzulänglichkeit des Betriebes: Kohärer-polarisiertes Relais, nur für geringe Schreibgeschwindigkeiten (maximal 20 Wörter pro Minute) brauchbar. Nach Einführung der elektrolytischen und Kristalldetektoren konnte der Morseschreiber wegen der hierbei vorhandenen zu geringen Stromstärken nicht mehr verwendet werden, und man ging, abgesehen von einigen Schreibempfangsversuchen mit dem Clauderelais und dem allerdings zeitweise mehr in Benutzung befindlichen Lichtschreiberempfang, fast ausschließlich auf reinen Hörempfangsbetrieb über. Nachdem aber durch Schaffung der Verstärker, insbesondere der Röhrenverstärker wieder erheblich größere Stromstärken an der Empfangsstelle unschwer erzielt werden konnten, wurde wieder versucht, die aufgenommenen Signale mit Morseschreiber zu fixieren. Der alte Morseschreiber von Siemens & Halske erfuhr hierbei eine erhebliche konstruktive Umgestaltung, wie dies Abb. 74 kennzeichnet. Die hin und her bewegten Massen des Morseschreibers wurden so leicht gestaltet, daß bis zu 160 Wörter pro Minute aufgeschrieben werden können. Das Schreibwerk wurde gegen Staub vollständig eingekapselt. An Stelle des einen oftmaligen Aufzuges bedürfenden Uhrwerkantriebes wurde ein kleiner Elektromotor benutzt, welcher konstante Umlaufgeschwindigkeit zuläßt. Die Transportvorrichtung für den Papierstreifen wurde so gebaut, daß eine Regulierung innerhalb weiter Grenzen möglich ist.

Das Stück eines mit dem Schnellmorse erhaltenen Streifens bei der Aufnahme in Geltow mit mittlerem Rahmen von Tuckerton (Sender: Alexandersonmaschine) gibt Abb. 75 wieder. Es ist hierbei jedoch folgendes zu beachten: Der Maschinensender Tuckerton arbeitete nur mit ca. 25 Wörtern pro Minute; der Schnellschreiber war auf annähernd größte Schreibgeschwindigkeit eingestellt. Der Empfänger war mit Zwischenfrequenzanordnung nach Esau-Gothe versehen; starke atmosphärische Störungen, welche wohl jeden anderen Empfang unmöglich gemacht hätten, waren hier fast ohne Einfluß und machten sich äußerst charakteristisch kenntlich (die durch Pfeile gekennzeichneten Stellen).

Abb. 74. Schnellmorseschreiber von Siemens & Halske.

Die Benutzung des Schnellmorses wird daher an allen Stellen inbetracht kommen, wo die Mittel zur Beschaffung des Siemensschen Schnelldruckers nicht ausreichen und nicht absoluter Wert darauf gelegt zu werden braucht, einen fertig gedruckten Schreibempfangsstreifen zu besitzen.

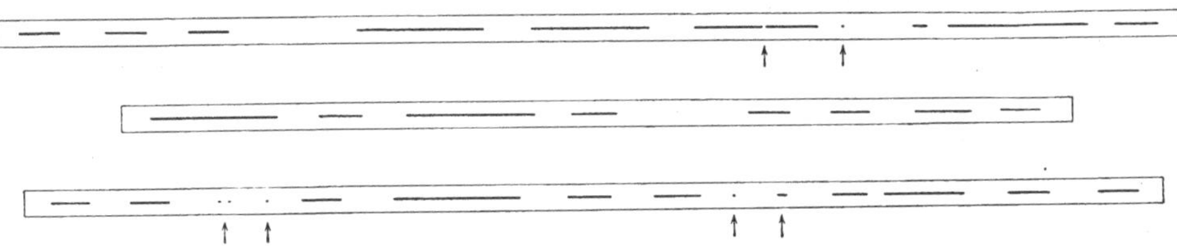

Abb. 75. Empfang von Tuckerton (Alexandersonmaschine) in Geltow mit Spulenantenne und Zwischenfrequenzanordnung (Esau-Gothe). Aufnahme mit dem Siemensschen Schnellmorse bei sehr starken atmosphärischen Störungen.

b) Kurvenschreiber.

α) Der Einfadengalvanometer-Lichtschreiber (Hoxieschreiber).

Vor der Einführung der Verstärkungseinrichtungen mußte, abgesehen von Zuverlässigkeit im Betriebe auf besonders hohe Empfindlichkeit Wert gelegt werden, um auch mit nicht allzugroßen Senderenergien bei Steigerung der Wortzahl noch den Empfänger ansprechen zu lassen. Als ein derartig besonders empfindlicher Apparat etwa in der Größenordnung der Telephon-

ströme (1.10⁻⁶ Ampere) fand sich das **Einthoven**sche Einfadengalvanometer, welches infolgedessen wiederholt zur subjektiven und objektiven Kenn-
zeichnung und Fixierung der aufgenommenen Telegraphierzeichen verwendet
worden ist. Ein Vorteil des Lichtschreibers gegenüber dem Morseschreiber
und den meisten der folgenden Schreibeinrichtungen ist der, daß bis zu einem
gewissen Grade die aufgenommenen Zeichen analysiert werden, so daß atmosphärische Störungen usw. sich kenntlich machen können. Indessen ist praktisch dieser Vorteil nicht groß.

Das Schema eines solchen Lichtschreiberempfängers (nach B. **Glatzel**,
(Lorenz A.-G.) ist in Abb. 76 wiedergegeben. Der mittels irgend eines Detektors,
z. B. Kristalldetektors, aufgenommene und gleichgerichtete Strom wird nicht
wie sonst üblich einem Telephon, sondern dem zwischen den Magnetpolen
$N\,S$ ausgespannten außerordentlich feinen und kaum sichtbaren Metallfaden

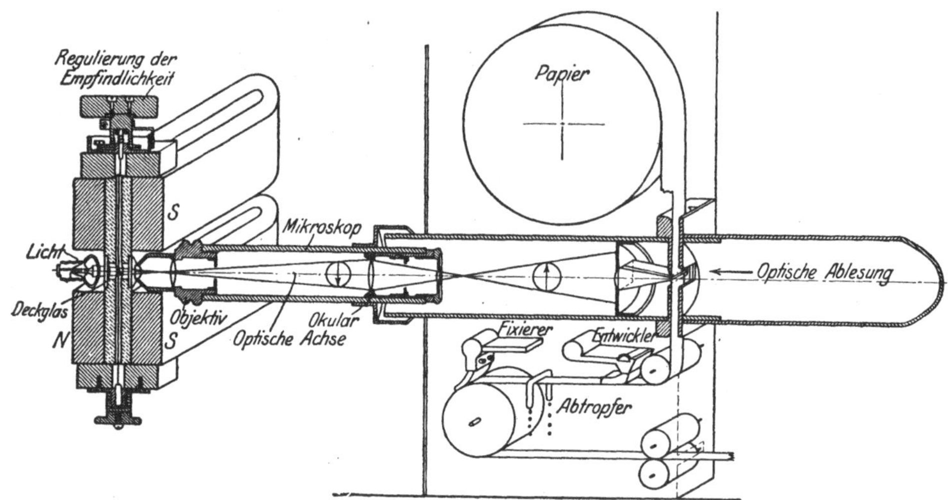

Abb. 76. Schema des Fadengalvanometer-Lichtschreibers in großer Ausführung.

(z. B. Goldfaden) des Galvanometers zugeführt. Bei Stromdurchgang
(Empfang) erleidet der Faden im Magnetfeld eine Ausbiegung, welche der
Dauer und Intensität der durch ihn hindurch geschickten Stromstärke pro-
portional ist. Diese in Wirklichkeit außerordentlich geringe Fadenbewegung
wird durch eine Glühlampe sichtbar gemacht und mittels des Linsensystems
stark vergrößert. Durch ein zwischengeschaltetes Prisma können einerseits
die Fadenbewegungen, sofern die Wortzahl pro Minute keine zu große ist,
mit dem Auge beobachtet und abgelesen werden, andererseits reflektiert
das Prisma auf einen lichtempfindlichen, in einem lichtdichten Kasten bewegten Streifen die Fadenbewegung. Der Streifen wird durch Entwickler
und Fixierbad geleitet. Aus dem lichtdichten Kasten kommt unten der schnell-
entwickelte und fertigfixierte Streifen heraus und gibt ein direktes Bild des
Schreibempfangs.

Die bei dem Fadengalvanometer-Lichtschreiber in der großen Ausführung
gemäß Abb. 76 gegenüber den bisherigen gewöhnlichen Lichtschreibern er-
zielten Vorteile und konstruktiven Maßnahmen sind folgende:

1. Die Lichtquelle ist außerordentlich stark gewählt und besteht entweder in einer Metallfadenglühlampe von großer Kerzenstärke oder zweckmäßiger wegen des Reichtumes an ultravioletten Strahlen aus einer kleinen Bogenlampe.

2. Die Optik ist möglichst stark vergrößernd gewählt, wobei auf die Absorption von Lichtstrahlen um so weniger Rücksicht genommen zu werden braucht, als ja, wie bemerkt, diese Lichtquelle stark bemessen ist.

3. Infolge der starken Lichtquelle und der stark vergrößernden Optik konnte der Faden außerordentlich dünn gewählt werden, wodurch die Empfindlichkeit sehr gesteigert wurde. Bei einem Fadenwiderstand von 400 Ohm

Abb. 77. Mittels Lichtschreibers aufgenommener Schreibempfangsstreifen.

konnte eine Wortgeschwindigkeit von etwa 150 in der Minute erzielt werden, wobei ein Fadenstrom von etwa $0,9 \cdot 10^{-8}$ Ampere zur Verfügung stand. Im übrigen wurde jede Induktion durch andere magnetische Felder auf den Faden peinlichst vermieden, um dauernd die maximale Fadenempfindlichkeit zur Verfügung zu haben.

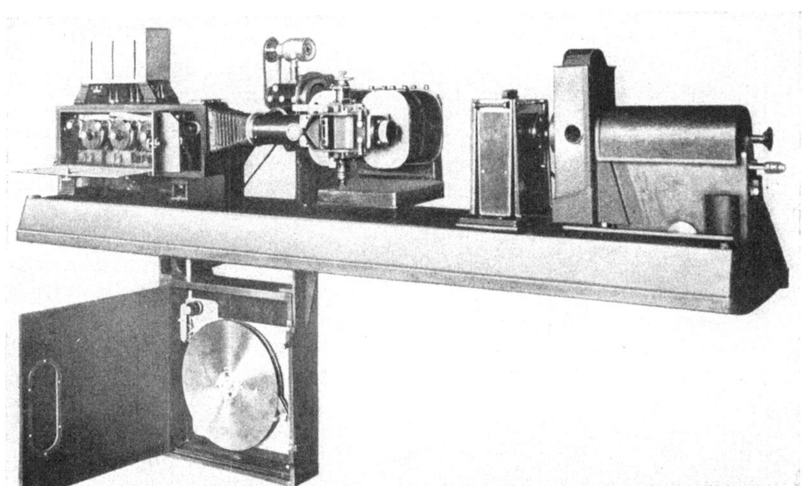

Abb. 78. Lichtschreiber für Großstationen.

4. Wurde ein kräftiges Magnetfeld unter Benutzung eines aus der Netzleitung gespeisten Magneten verwendet.

5. Wurde der Weg, den der lichtempfindliche Streifen nach erfolgter Beleuchtung durch das Entwicklungs- und Fixierbad zurückzulegen hat, lang gewählt, um die Empfangszeichen gut ablesbar und haltbar zu gestalten.

6. Wurde der gesamte Zusammenbau auf einer schweren gußeisernen Grundplatte so gewählt, daß er durch Erschütterungen nicht zu leiden hatte.

Abb. 77 zeigt einen derartigen, mittels Lichtschreibers aufgenommenen Schreibempfangsstreifen bei etwa 100 Wörtern pro Minute.

Selbstverständlich ist es ohne weiteres möglich, durch Einschalten einer Blende den unteren Teil der Schrift, die sog. „negativen Morsezeichen", abzublenden, so daß sich alsdann ein Schreibempfangsstreifen, etwa dem gewöhnlichen Morsestreifen entsprechend, ergibt.

Abb. 78 zeigt eine Ansicht des Lichtschreibers für Großstationen. Rechts in der Abbildung auf der Grundplatte ist der stärkeren photographischen Wirkung wegen als Lichtquelle eine Bogenlampe nebst Linsensystem und Regulierwiderstand montiert. In der Mitte ist ein kräftiges Elektromagnetensystem mit dem Fadeneinsatz und links davon die photographische Entwicklungs- und Fixierungseinrichtung nebst dem Behälter für das lichtempfindliche Papier angeordnet. Die Geschwindigkeit und Wortzahl können an einem kleinen geeichten Tachometer, welches mit dem Antriebsmotor für das lichtempfindliche Papierband gekoppelt ist, direkt abgelesen werden.

Dem Einfadengalvanometer-Lichtschreiber ist der Hoxieschreiber, der bei der U. S. A. Marine im Gebrauch ist, ähnlich. Der Hoxieschreiber, welcher von der General Electric Co. hergestellt wird, soll gegenüber dem Einfadenschreiber folgende Vorzüge besitzen:

Seine Empfindlichkeit soll größer sein als die des Einfadengalvanometers und derjenigen eines hochempfindlichen Telephons gleichkommen (10^{-8} bis 10^{-11} Ampere), so daß man ohne Verstärker auskommen kann.

Er soll die Möglichkeit an die Hand geben, während sehr langer Zeiträume (mehrere Stunden) Zeichen usw. zu registrieren, wobei eine sehr sorgfältige Analyse angeblich möglich ist.

Seine Konstruktion soll einfacher und besser durchgebildet als die des Einfadengalvanometerschreibers sein.

β) Siphon recorder (Kurvenschreiber) von Lodge-Muirhead.

Während der Lichtschreiber für wirklichen Schnellempfang die sehr lästige und teure photographische Fixierung nicht entbehren kann, fällt dieser Übelstand bei dem recht empfindlichen, in der Draht- und Kabeltelegraphie seit langem eingeführten Siphon recorder fort. Dieser besitzt ebenso wie der Fadengalvanometerschreiber den Vorteil, daß man bis zu Wortgeschwindigkeiten von 50 Wörtern pro Minute ohne Relais auskommt, wobei etwa 300 Mikroampere benötigt werden.

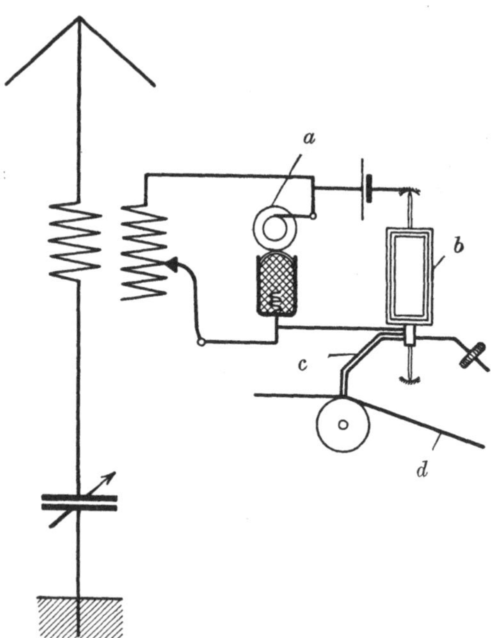

Abb. 79. Empfang mit Siphon recorder von Lodge-Muirhead.

Das Wesen des Siphon recorders geht aus der schematischen Abb. 79 rechts hervor. Mit dem Quecksilberkohärer a ist ein kleines stark gedämpftes

Galvanometer *b* verbunden, das vom Empfangsstrom durchflossen wird. Mit der Galvanometerspule, die sich in einem kräftigen Magnetfeld dreht, ist entweder ein Spiegel verbunden, und ein durch die Spiegeldrehung wandernder Lichtpunkt zeichnet auf einem entsprechend vorbeibewegten, lichtempfindlichen Papierstreifen die Telegramme auf, was allerdings wieder den Nachteil besitzen würde, mit photographischen Flüssigkeiten arbeiten zu müssen, oder es wird mit der Galvanometernadel ein mit einer Farbflüssigkeit ge-

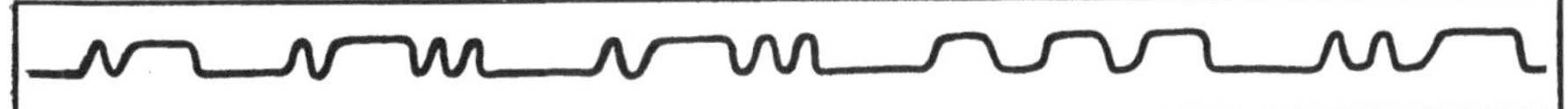

Abb. 80. Siphon recorder-Empfangsstreifen.

füllter Schreibeinsatz *c* bewegt, welcher auf einem vorbeibewegten Papierstreifen *d* die Telegramme direkt in sichtbarer Schrift aufzeichnet.

Einen derartigen Schreibempfangsstreifen zeigt Abb. 80.

Die wichtigsten Teile eines derartigen normalen Syphon recorders in der Darstellung von J. Weinberger sind nochmals in Abb. 81 wiedergegeben, besonders um die Ausführung und Anordnung des Spulenträgers und des Tintenschreib-Glasrohres zu veranschaulichen. Der aus Fiber bestehende Spulenträger wird durch die in der Abb. 81 kenntlich gemachten Seidenfäden von der

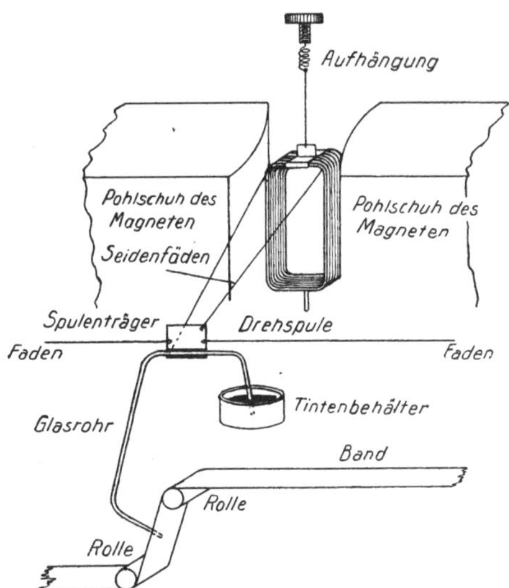

Abb. 81. Teile eines normalen Siphon recorders.

Abb. 82. Ausführungsmodell eines normalen Siphon recorders (J. Weinberger).

Drehspule gedreht. Hierdurch bewegt sich das Glasröhrchen von 0,25 mm Weite hin und her und zeichnet auf den vorbei bewegten Papierstreifen die aufgenommenen Zeichen, entsprechend Abb. 81 auf, wobei die Farbflüssigkeit beständig nachfließt. Ein Ausführungsbeispiel eines derartigen Schreibers ist in Abb. 82 wiedergegeben. Alle wesentlichen Teile sind einstellbar angeordnet.

Infolge der relativ großen Dämpfung, die der Schreibhebel und somit die Drehspule durch den Papierstreifen erfährt, ist man genötigt, insbesondere beim Schnellverkehr die dem Siphon recorder zuzuführende Empfangsenergie hinreichend zu verstärken.

Siphon recorder - Röhrenverstärkerschreiber von
C. Swinton u. a.

Man ist sogar in der Lage, unter Benutzung von Spulenantennen einen betriebssicheren Schreibverkehr aufrecht zu erhalten. Die immerhin erzielbare Hochempfindlichkeit des Drehspulsystems des Siphon recorders gewährt die Möglichkeit, bis zu ca. 50 Wörtern pro Minute ohne besonderes Zwischenrelais direkt mit dem Lautverstärker die empfangenen Telegramme niederzuschreiben, wie dies beispielsweise das Schema von Abb. 83 zum Ausdruck bringt, in welchem die Empfangsenergie als vom Hochfrequenzverstärker kommend, angenommen ist (C. Swinton, Abraham, Bloch). Der Niederfrequenzverstärker ist jedoch nicht wie der Hochfrequenzverstärker auf Radiofrequenzen abgestimmt, sondern vielmehr auf Audion- (Telephon-) Frequenzen (große Kapazitäten), so daß er auf die Frequenzen, welche dem Rhythmus der Morsezeichen entsprechen, reagiert. Um den Strom für den Be-

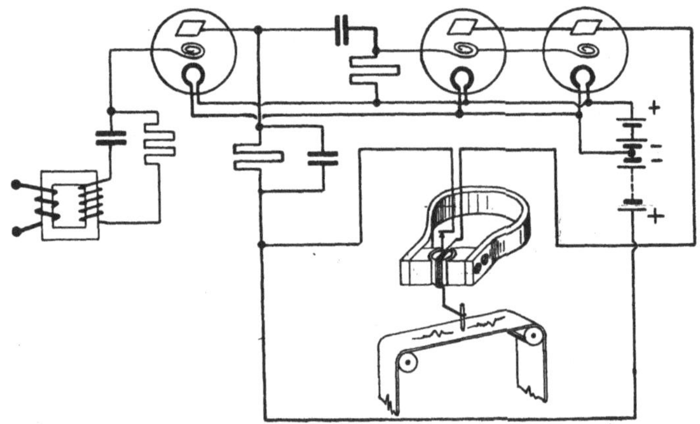

Abb. 83.   Röhrenverstärker-Siphonschreiber.

trieb des Syphon recorders groß zu machen, sind zwei Röhren am Schluß vor dem Siphon recorder parallel geschaltet. Es ist bei dieser Anordnung also jedes Relais, welches besondere Wartung und Einstellung bedürfen würde, vermieden.

Die Nachteile des in England und Amerika sehr gebräuchlichen Siphon recorders sind für den wirklichen Schnellverkehr nicht genügende Schreibgeschwindigkeit, Niederschrift des Telegramms in Kurvenschrift und nicht direkt in Druckbuchstaben und vor allem die mechanischen Mängel der Bedienung und Wartung. Bei einer Verstopfung des Glasröhrchens ist große Geschicklichkeit nötig, um dasselbe zu reinigen oder ein neues Röhrchen an dem Spulenträger zu befestigen, falls das alte zerbrochen sein sollte.

γ) Tintenschreiber von E. Blakeney und C. S. Miller.

Um die beim Syphon recorder vorhandenen Übelstände zu vermeiden, ist von E. Blakeney und S. C. Miller bei der Versuchsabteilung der Radio Corporation 1921 ein Tintenschreiber entwickelt worden, welcher sich offenbar durch folgendes auszeichnet: Anordnung und Ausführung sind einfach und robust. Der verhältnismäßig große Luftspalt des Drehspulen-Syphon recorders ist vermieden und durch einen engen Luftspalt mit sehr kräftigem Magnetfeld ersetzt, so daß starke magnetische Kräfte ausgeübt werden können. Das Gewicht aller bewegten Teile ist auf das Mindestmaß herabgesetzt, so daß Arbeitsgeschwindigkeit und Empfindlichkeit wesentlich verbessert wurden. Das lange, sich leicht verstopfende und sehr zerbrechliche Glasröhrchen ist durch ein kurzes Metallschreibröhrchen ersetzt und kann bei evtl. Störungen durch rasche Auswechslung des mit ihm verbundenen Reservearmes unschwer ausgetauscht werden. Alle Teile sind überhaupt leicht auswechselbar und übersichtlich angeordnet.

Das Wesentlichste der Anordnung geht aus Abb. 84 hervor. In einem radialen Felde, welches von den kräftigen, topfförmigen Elektromagnetspulen erzeugt wird, ist eine kleine kreisförmige Spule angeordnet. Auf dieser ist ein Spulenrahmen befestigt, welcher in den Schreibfederarm eingreift. Dieser

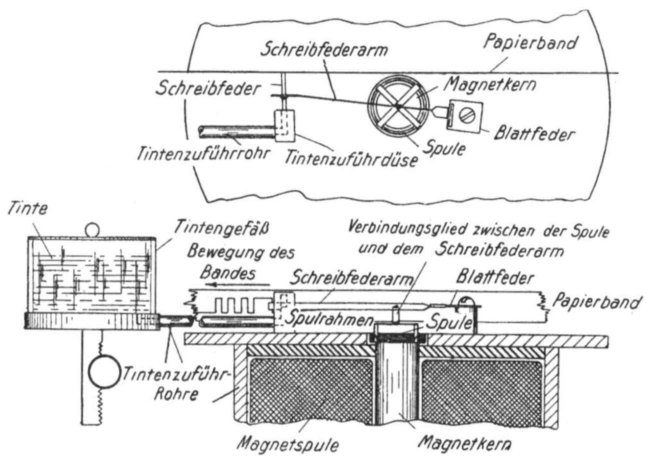

Abb. 84. Wesentliche Teile des Tintenschreibers von Blakeney und Miller.

ist an einer Blattfeder befestigt und trägt andrerseits die Schreibfeder, welche aus einem kurzen Metallrohrstückchen Farbflüssigkeit aus dem einstellbar angeordneten Tintenbehälter entnimmt und auf diese Weise auf den Papierstreifen schreibt, wie dies die Abbildung wiedergibt. Das Farbflüssigkeitsniveau in der Düse der Schreibfeder liegt ebenso hoch wie das Niveau im Tintenbehälter. Da aber der in der Schreibfeder vorhandene Schlitz nur etwa 1,6 mm beträgt, wird durch die Oberflächenspannung ein direktes Ausfließen der Tinte verhindert; die Tinte bildet vielmehr nur einen langgezogenen Tropfen außerhalb der Düse, in welche die Schreibfeder eintaucht.

Die Arbeitsweise des Apparates erfolgt in der Weise, daß bei Erregung des Topfmagneten und bei Einwirkung der Empfangsströme durch die kleine bewegliche Spule diese aufwärts gehoben wird. Infolgedessen stößt der Spulenrahmen und somit auch das Verbindungsglied zwischen Spule und Schreibfederarm gegen die Schreibfeder; diese bewegt sich nach oben in den Tintentropfen, entnimmt Tinte von dort und schreibt eine entsprechend höher gerückte vertikale Linie auf den Papierstreifen, solange die Wirkung anhält. Nach Aufhören des Empfangsstromes wird durch die Blattfeder die Spule in ihre Anfangslage zurückbewegt, und eine entsprechend verschobene Vertikallinie wird auf dem Papierstreifen aufgezeichnet.

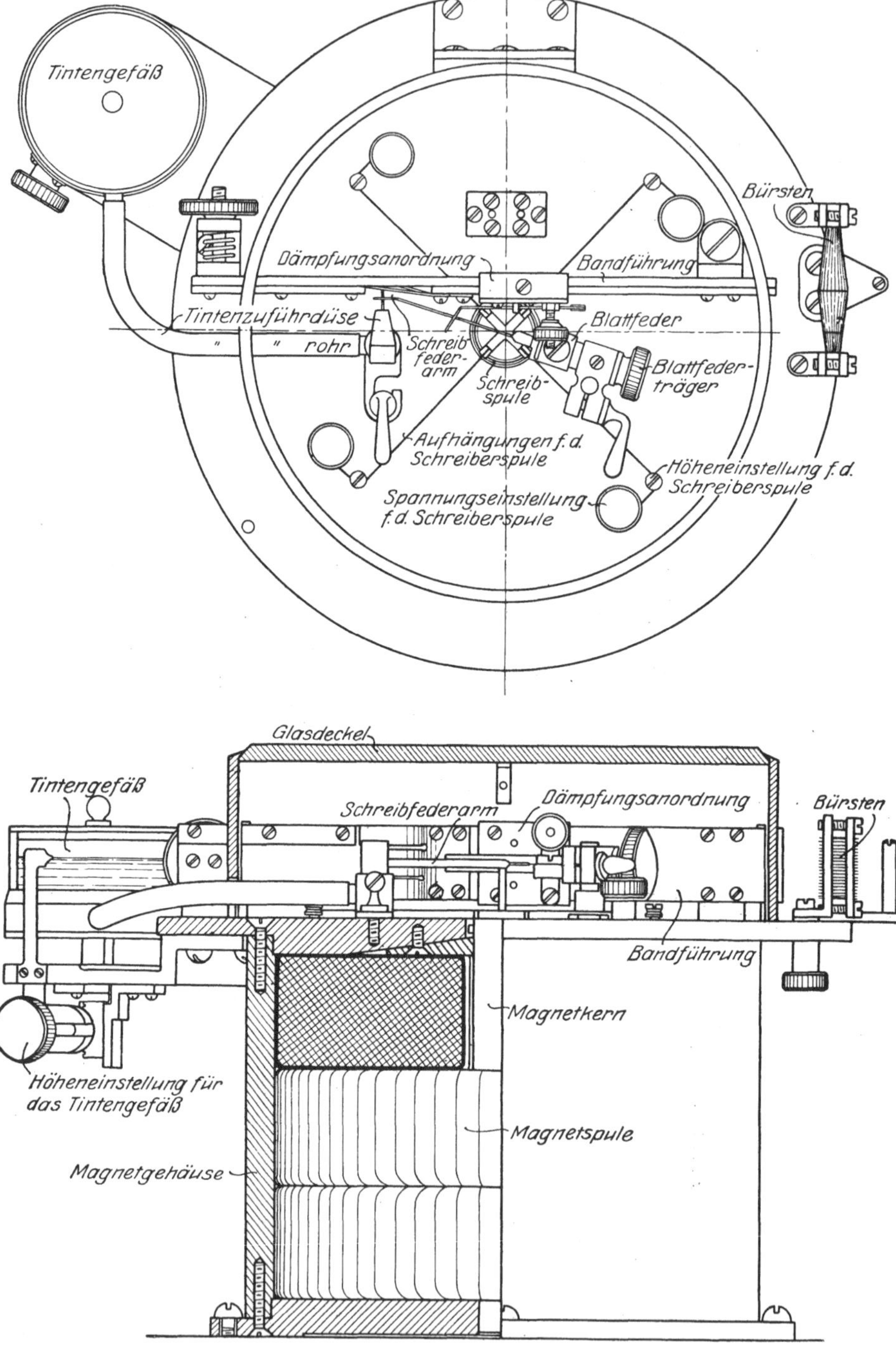

Abb. 85. Draufsicht und Schnitt durch den Tintenschreiber.

Bei einem Gleichstromwiderstand von 1000 Ohm der Spule werden zum Betrieb bei 100 Wörtern pro Minute etwa 4 Milliampere benötigt. Für größere Wortgeschwindigkeiten, etwa 200 Wörter pro Minute, werden etwa 8 Milliampere gebraucht, wobei alsdann noch die Blattfeder durch eine andere ausgewechselt werden muß.

Eine Ausführungsform des auf diesem Prinzip beruhenden Tintenschreibers gibt Abb. 85 unten im Querschnitt und oben in Draufsicht wieder. Zum besseren Verständnis sind alle wesentlichen Teile namhaft gemacht. Bemerkenswert sind verschiedene Einstellvorrichtungen. Zunächst vier Drahtzüge mit Einstellschrauben und Höheneinstellung, um die Schreiberspule zu zentrieren. Ferner eine einstellbare Bandführung, um eine gute Schreibfläche zu gewährleisten, schließlich noch verschiedene Einstellvorrichtungen für das Tintengefäß, die Reinigungsbürsten für das Papierband, um eine Verschmutzung der Schreibfeder zu verhindern und anderes mehr.

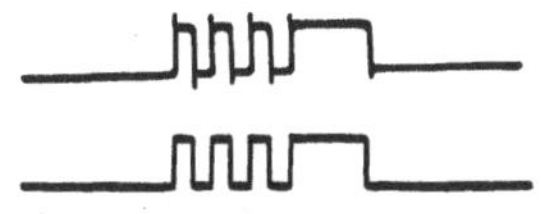

Abb. 86. Schriftproben des Tintenschreibers: oben ohne, unten mit Dämpfungsanordnung.

Weiterhin ist aber noch eine Dämpfungsanordnung beachtenswert, welche zu dem Zweck vorgesehen ist, um Schlingerbewegungen zu verhindern und die aufgeschriebene Kurvenschrift möglichst vollkommen rechteckig erscheinen zu lassen. Ohne diese Dämpfungsvorrichtung würde die Schrift wie in Abb. 86

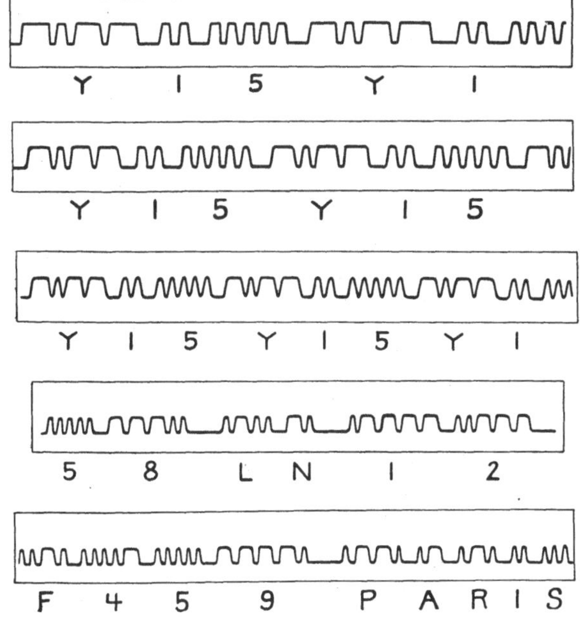

Abb. 87. Schriftstreifen des Tintenschreibers bei verschiedenen Geschwindigkeiten.

oben aussehen. Durch die Dämpfungsvorrichtung, welche im wesentlichen aus einem geschlitzten Blattfederarm mit Reibscheiben und Einstellscheiben besteht, erhält die Schrift die in Abb. 86 unten wiedergegebene rechteckige Form. Daß dies tatsächlich erreicht wird, geht aus den Streifen von Abb. 87 hervor, in welchem in den ersten drei Streifen die Versuchsbuchstaben *R* 15

bei 25, 50 und 100 Wörtern pro Minute wiedergegeben sind. Die unteren
beiden Streifen sind im Verkehr mit England und Frankreich aufgenommen
bei nur 40 Wörtern pro Minute.

Eine Ausführungsform des Tintenschreibers, von oben gesehen, also etwa
Abb. 88 entsprechend, gibt Abb. 85 oben wieder. Rechts ist die Papiervorrats-
rolle, die übrigen Teile links entsprechen Abb. 88 unten.

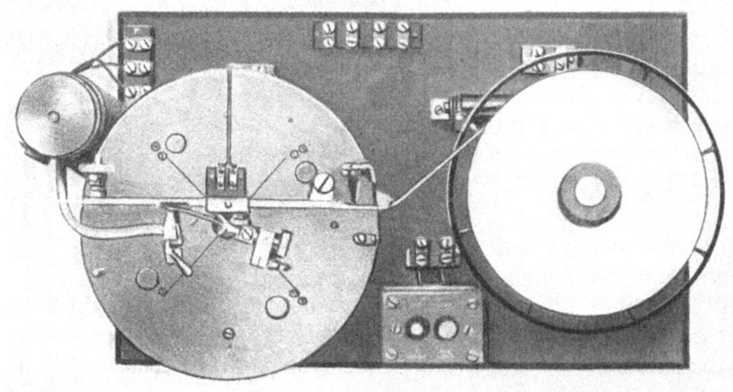

Abb. 88. Laufsicht auf den Tintenschreiber von Blakeney und Miller
(Radio Corporation).

Der Zusammenbau des Tintenschreibers mit der übrigen Apparatur, ins-
besondere mit der Schreibmaschine des Empfangsbeamten ist aus Abb. 104,
S. 94, ersichtlich. Der Empfangsbeamte liest die Nachricht sofort vom
Streifen ab und schreibt sie in gewöhnlicher Weise mit der Schreibmaschine auf.

δ) Der Johnsen-Rahbeck-Schreiber der Huthgesellschaft.

Gleichfalls ein Kurvenschreiber, welcher sehr hohe Wortgeschwindigkeiten
zuläßt, ist der von der Firma Huth gebaute Schnellschreibapparat nach der
Anordnung Johnsen-Rahbeck. Diese letzteren hatten in Analogie zum
magnetischen Prinzip die elektrostatische Form gefunden, darin bestehend,
daß, wenn bestimmte Stoffe wie lithographische Steine, Achat, Solenhofener
Schiefer oder ähnliche Halbleiter mit einem stromführenden Beleg nur durch
Druck verbunden werden, eine sehr erhebliche Anziehung stattfindet. Bei
außerordentlich geringem Stromverbrauch, etwa in der Größenordnung
von nur 10^{-6} Ampere bei etwa 220 Volt, können sehr große Kräfte aus-
gelöst werden. Da die Einrichtung im übrigen absolut spontan und fast träg-
heitslos wirkt, ist sie in hervorragendem Maße für Relaiszwecke, also für einen
Schreibempfangapparat geeignet. Hierbei wird die Anordnung so getroffen,
daß, ohne irgendein besonderes Relais anzuwenden, aus dem Halbleiter ein
zylindrischer Körper hergestellt ist, welcher gedreht werden kann, und daß
auf ihm ein ringförmiges Metallstück aufliegt, welches den Schreibheber,
ähnlich wie beim Syphon recorder, betätigt.

Der auf dieser Basis entwickelte Schreibapparat der Huthgesellschaft mit
abgenommener vorderer Schutzkappe ist in Abb. 89 wiedergegeben. Rechts
ist die Papierrolle, daneben auf der vorderen Grundplatte die Schreibeinrich-
tung mit Heber und Rolleneinführung ersichtlich. In der Mitte der Platte
ist das Einschaltungsrelais und daneben der Toureneinregulierungsgriff für

den hinter der Platte angeordneten Antriebselektromotor ersichtlich. Einige
der mit diesem Schreiber erzeugten Kurvenschreiberempfangsstreifen sind in
Abb. 90 wiedergegeben und zwar der obere Streifen für etwa 80 Wörter pro

Abb. 89. Johnsen-Rahbeckschreiber (Steinschreiber) der Huth-Gesellschaft für
Funkentelegraphie.

Minute (400 Buchstaben), der mittlere für 240 Wörter pro Minute (1200 Buchstaben) und der untere Streifen, welcher noch eine absolut deutliche Ab-
lesungsmöglichkeit gestattet, von sogar 400 Wörtern pro Minute (2000 Buchstaben).

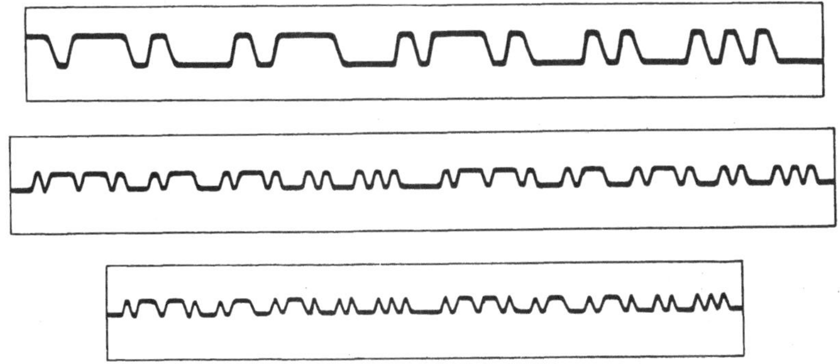

Abb. 90. Schreibempfangsstreifen mittels des Johnsen-Rahbeckschreibers aufgenommen.

Die bei Benutzung des elektrostatischen Prinzips bei den bisherigen Anordnungen noch vorhandene Empfindlichkeit gegen Luftfeuchtigkeit scheint im
wesentlichen behoben worden zu sein.

6*

c) Akustische Schreiber.

α) Phonograph-Schnellschreiber von Telefunken.

Wenn auch nicht fertige Morsestreifen, oder gar gedruckte Papierstreifen wie beim Siemens-Schnelldrucker, so doch eine akustische Fixierung ergibt der Phonographschnellschreiber, welcher zuerst in Verbindung mit mechani-

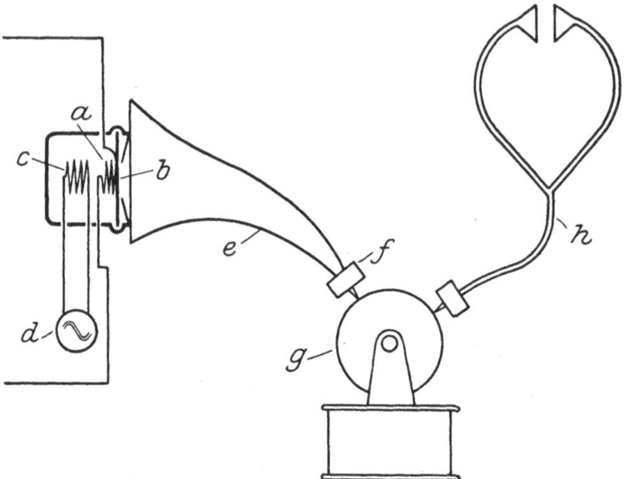

Abb. 91.   Phonographempfangsschreiber.

schen Lautverstärkern seit etwa 1910 von Telefunken geschaffen wurde. Auch mit diesem Schreiber ist man in der Lage, erhebliche Wortzahlen pro Minute zu fixieren und beim Ablauf entsprechend verlangsamt zu reproduzieren.

Abb. 92.   Wachswalze mit Schalldose des Phono-
schnellschreibers von Telefunken
(Aufnahmeapparat).

Das Schema der Anordnung gibt Abb. 91 wieder. Die Aufnahmeschalldose eines Phonographen mit Wachswalze ist in irgendeiner Weise mit dem Empfangstelephon verbunden, wobei darauf zu achten ist, daß der Luftweg zwischen Aufnahmeschalldose und Telephon möglichst kurz ist. Um genügend starke Eindrücke des Schreibstiftes auf der Wachswalze zu erzielen, muß selbstverständlich eine hinreichende Verstärkung der Empfangsenergie stattfinden. Da aber der Empfangston konstant bleibt, ist das Aufzeichnen der Signale auf der Wachswalze und die Wiedergabe weniger Störungen und Nebengeräuschen ausgesetzt als beim gewöhnlichen Phonographenbetrieb. Die Tourenzahl der Wachswalze wird so gewählt, daß, entsprechend der Wortgeschwindigkeit, kein Ineinanderfließen der Telegraphierzeichen stattfindet. Die Ansicht des Aufnahmeapparates zeigt Abb. 92.

Für die Reproduktion wird eine Schalldose mit entsprechend verrundetem Stift angewendet, und die Tourenzahlen werden so verlangsamt, daß noch ein gutes Abhören und Niederschreiben der Worte möglich ist. Hierbei wird im allgemeinen der Empfangston wegen der Verringerung der Tourenzahl niedriger sein als bei der Aufnahme.

In Abb. 93 ist die Ausführung eines derartigen Phonographenschnellschreibers von Telefunken wiedergegeben und zwar für die Wiedergabe. Wie ersichtlich, befindet sich das Reproduktionstelephon fast direkt über der Aufnahmeschalldose.

Abb. 93. Phonoschnellschreiber von Telefunken.

Für einen Dauerbetrieb werden, um ein Auswechseln jeweilig der einen Wachswalze zu ermöglichen, mindestens zwei Phonographenempfänger gebraucht, die wechselseitig eingeschaltet werden.

Die Nachteile sowohl des Phonographenschnellschreibers als auch des Telegraphonschreibers (siehe S. 86) (J. Weinberger) sind folgende:

1. In beiden Fällen ist ein langsameres Ablaufen der Grammophonplatten, des Wachszylinders oder des Stahldrahtes erforderlich als bei der Aufnahme, um ein Abhören und Übersetzen der aufgenommenen Zeichen sowie eine Niederschrift zu bewirken. Dadurch daß die Platte, der Zylinder oder Draht hierbei langsamer läuft als bei der Aufnahme, ist nicht nur der Ton erheblich tiefer, was kein direkter Nachteil zu sein braucht, sondern es geht vor allem nicht unerhebliche Schallenergie verloren, was bereits unangenehm empfunden werden kann. In beiden Fällen ist der Abhör- und Übersetzungsvorgang zeitraubend. Beim Telegraphon muß man den ganzen Stahldraht ablaufen

lassen, was etwa $^1/_2$ Stunde Zeit erfordert, beim Grammophon oder Phonographen verstreichen immerhin etwa 5 Minuten mit dem Ablaufen der Platte oder des Wachszylinders. Eine Überwachung der aufgenommenen Zeichen ist infolgedessen auf das äußerste erschwert, wenn nicht unmöglich gemacht.

2. Die Kosten für die Aufstellung der in jeder Anlage mindestens erforderlichen zwei Schreibapparaturen sind erheblich. Zu diesen kommen noch die Kosten für die Umschreibapparate hinzu, welche um so wesentlicher werden, als namentlich beim Telegraphonschreiber infolge des langsamen Ablaufens pro Station etwa sechs Umschreibmaschinen gebraucht werden. Zu diesen bemerkenswerten Kosten an Apparaturen kommen aber noch die sehr wesentlichen Ausgaben für das Bedienungspersonal hinzu, da ein Beamter nötig ist, um die Platten bzw. Drähte einzulegen, bzw. auf- und abzuspulen, ein zweiter Beamter, um die Zeichen wieder zu löschen und die Platten usw. wieder neu für den Empfang vorzubereiten und schließlich noch mehrere Beamte für die Umschreibung der Telegramme. Hierdurch werden erhebliche Betriebskosten bedingt.

3. Es ist ausgeschlossen, insbesondere in einem größeren Amt, die Platten, Wachswalzen oder Drähte, auf welchen Zeichen aufgenommen sind, längere Zeit aufzubewahren, um eventuellen Reklamationen nachgehen zu können. Eine Fixierung der Telegramme ist also auf diese Weise überhaupt nicht möglich.

4. Wenn, was meist der Fall sein wird, die Stationsanlage so getroffen ist, daß von der Empfangsanlage mittels Audionfrequenzen die aufgenommenen Zeichen nach der Verkehrleitungsstelle hin übertragen werden, so ist man, wie an anderer Stelle dargelegt wurde, genötigt, mit einer Periodenzahl unter 3000 zu arbeiten. Für den akustischen Schnellempfänger bedeutet dies aber, daß eine Vergrößerung der Übertragungsgeschwindigkeit über 40 Wörter pro Minute kaum möglich ist, so daß schon aus diesem Grunde eine akustische Niederschrift für den Schnellverkehr fast ausscheidet.

β) Telegraphonschnellschreiber von V. Poulsen.

Der Phonographenschnellschreiber besitzt den Nachteil jedes Phonographen, bestehend in den mehr oder weniger störenden Nebengeräuschen. Wenn

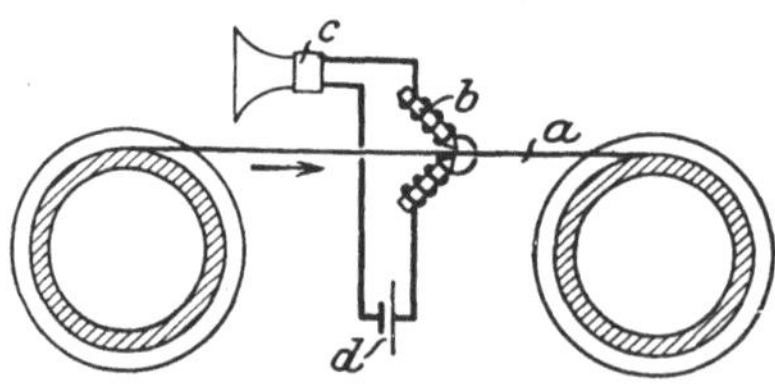

Abb. 94. Telegraphonschnellschreiber in Aufnahmestellung.

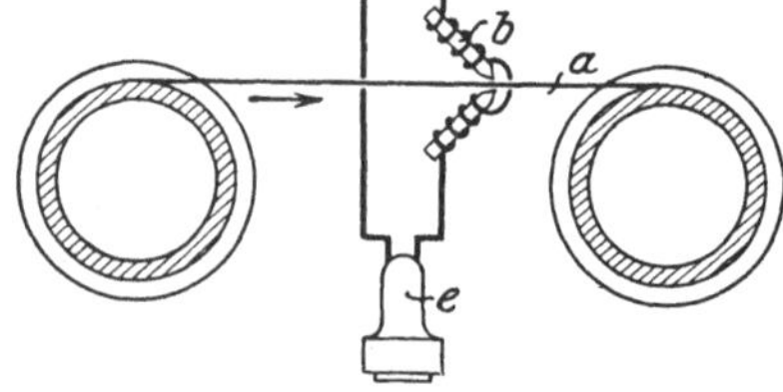

Abb. 95. Telegraphonschnellschreiber in Abgabestellung.

diese beim drahtlosen Empfang auch nur verhältnismäßig wenig in Erscheinung treten werden, da die Tonhöhe konstant bleibt, so können sie doch unangenehm werden, wenn fremde Stationen oder atmosphärische Störungen den Betrieb beeinträchtigen. Diese Nebengeräusche werden bei dem im übrigen alle Vorteile des Phonographenschnellschreibers besitzenden Poulsenschen Telegraphon vermieden, welches gleichfalls eine dokumentarische Festlegung der aufgenommenen Zeichen für beliebig lange Zeit gestattet.

Das Schema des Telegraphonschnellschreibers in Aufnahmestellung gibt
Abb. 94 wieder. Der von einer Trommel ablaufende und in Pfeilrichtung
auf eine andere Trommel auflaufende Stahldraht wird durch die Magneti-
sierungseinrichtung b im Rhythmus der durch das Mikrophon c aufgenommenen
Stromstöße der Batterie d beeinflußt und entsprechend magnetisiert. In der
drahtlosen Empfangsstation wird das Mikrophon c mit dem Empfangstelephon
akustisch verbunden.

Zur Wiedergabe wird die Schaltung gemäß Abb. 95 abgeändert und die
Magneteinrichtung in Verbindung mit dem Empfangstelephon e dient zur
Wiedergabe der tönenden Empfangsgeräusche. Da im Gegensatz zu der direkten

Abb. 96. Poulsensches Telegraphon in der Bauart von Robbins & Meyers in
Springfield U. S. A. mit direktem Elektromotorantrieb.

Berührung des Stiftes mit der Wachswalze beim gewöhnlichen Phonographen
der Stahldraht mit den Schenkeln des Magneten beim Telegraphon keine
körperliche Berührung macht, entfallen auch die Nebengeräusche.

Die Ansicht eines hochwertigen Poulsenschen Telegraphons der amerikanischen Firma Robbins & Meyers in Springfield zeigt Abb. 96 für direkten
elektrischen Antrieb mittels Elektromotors. Die ablaufende bzw. abgelaufene
Drahtlänge kann an der vorderen Zeigerscheibe abgelesen werden.

Weiterhin hat man den Vorteil, daß man infolgedessen bei der Reproduktion durch Verstärker die aufgenommenen Zeichen nahezu beliebig verstärken kann, da man die Verstärkungseinrichtungen direkt in den die Magnet-
wicklungen enthaltenden Kreis einschalten kann. Da ferner der Schwellwert
der Empfangsgeräusche beim Telegraphon erheblich niedriger liegt als beim
Phonographen, können mit dem Telegraphon noch so schwache Zeichen

aufgenommen und wiedergegeben werden, welche beim Phonographen unterhalb dieses Schwellwertes liegen.

Außer den beim Phonographenschnellschreiber kenntlich gemachten Nachteilen (siehe S. 85), welche auch zum Teil sogar noch in erhöhtem Maße für die Telegraphonschnellschreiber gelten, kommt für diesen noch der weitere Nachteil hinzu, daß bei den großen, für den Schnellverkehr erforderlichen Aufnahmegeschwindigkeiten leicht ein Brechen des Stahldrahtes eintritt. Dies bedeutet, daß Zeichen während der Aufnahme verloren gehen können, und daß mit dem Ausbessern Zeitverluste und Kosten entstehen.

d) Typendrucker.

α) Der Mehrfachtypendrucker von Baudot, Hughes, Steljes u. a.

Es hat nicht an Versuchen gefehlt, die Mehrfachtypendruckaufgabe einer praktischen Lösung entgegenzuführen. Vor allem bei der Drahttelegraphie

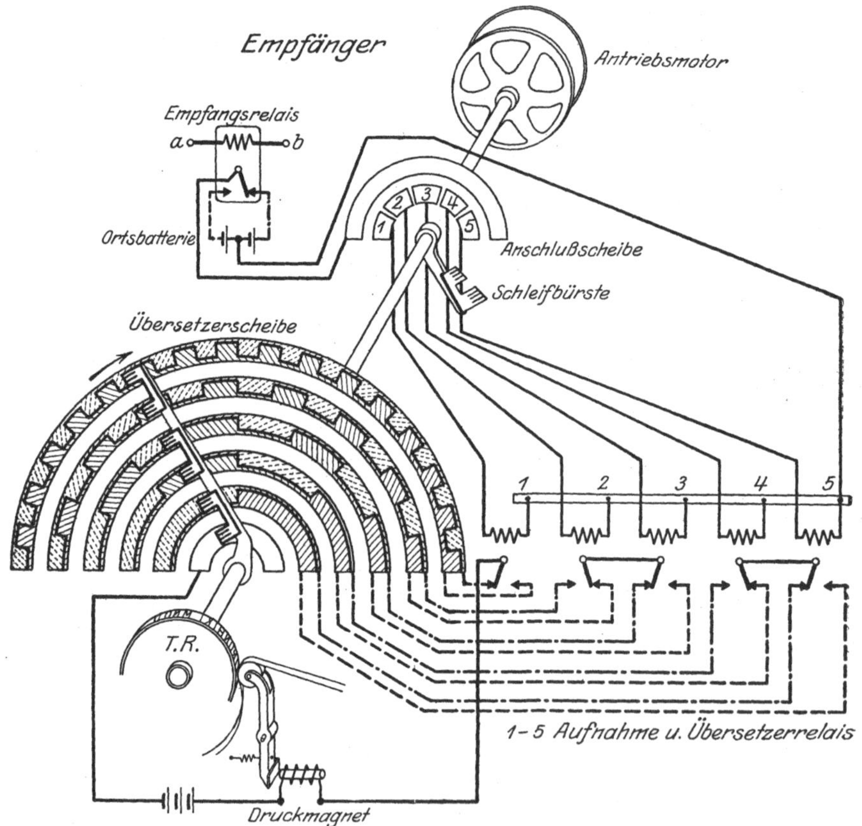

Abb. 97. Schema des Siemensschen Typendruckers.

zu großer Einführung gelangt sind die Mehrfachtypendrucker von Hughes und von Baudot, während es sich bei der Ausführung von W. S. Steljes, bei welchem der Wechselstrom kleiner Magnetinduktoren benutzt wurde, der gleichzeitig zur Korrektion, Einstellung des Typenrades, Figurenwechsel und Abdruck diente, mehr um eine Probeausführung handelt.

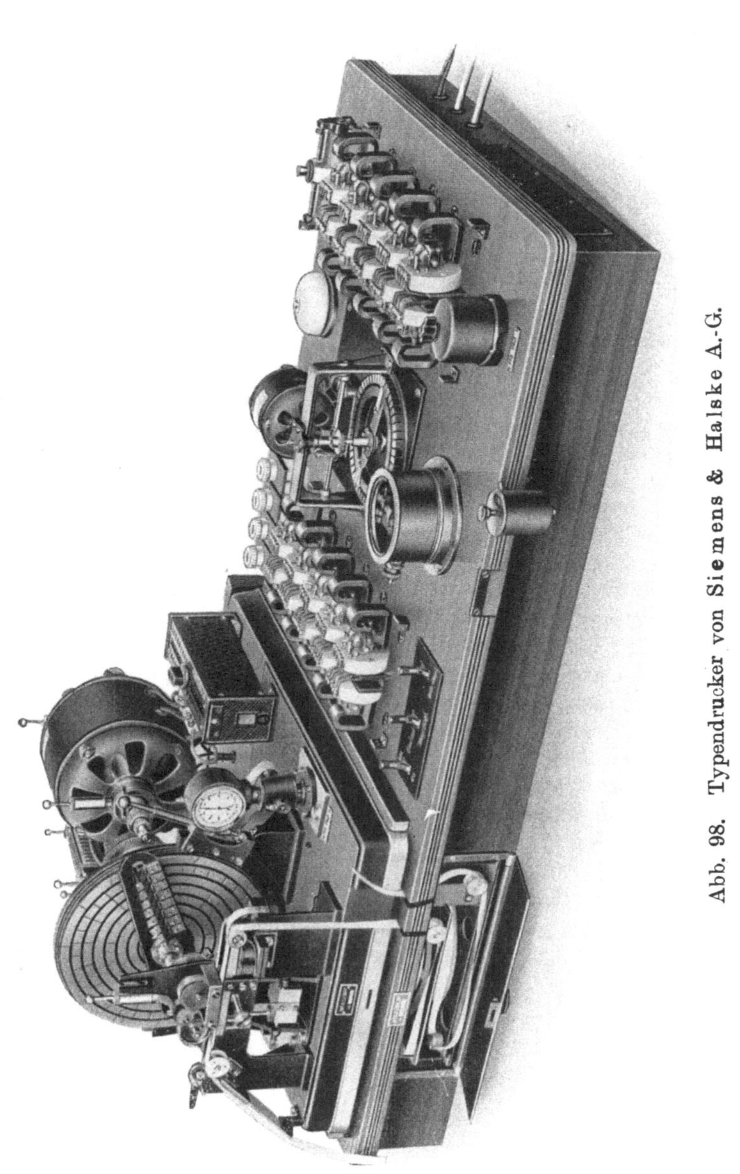

Abb. 98. Typendrucker von Siemens & Halske A.-G.

a b a   b c

Abb. 99. Fehlerhafter Empfangsstreifen, aufgenommen mit dem Typendrucker.

Der Hughesschreiber, welcher den Vorteil besitzt, Rückfragen im Telegramm jederzeit und sofort zuzulassen, und der Baudotschreiber sind schon von ihrem konstruktiven Gesichtspunkt aus keine eigentlichen Schnellschreiber. Unter keinen Umständen können die hohen Wortgeschwindigkeiten wie beim Siemensschen Typendrucker erreicht werden, wenngleich beim Vierfach-Baudotapparat Wortgeschwindigkeiten bis zu etwa 100 pro Minute erreichbar sein sollen.

Hingegen scheint der Hughestypendrucker den großen Betriebsvorteil zu besitzen, in sich erheblich selektiver zu sein als andere Ausführungen, da offenbar infolge Massenträgheit seines Ankers derselbe weniger auf plötzliche Störungen reagiert.

β) Siemens-Schnellschreiber (Siemens-Typendrucker).

Die von dem Siemens-Schnelltelegraphensender unter Benutzung der Synchronisierungseinrichtung (siehe Abb. 47, S. 42) vom fernen Sender schnelltelegraphierten Morsezeichen werden unter Benutzung der Verstärkungs- und sonstigen Empfangseinrichtungen dem Relais des Empfängers zugeführt. Dieses Relais kann nun nicht ohne weiteres zur Betätigung des Siemens-Schnellempfänger benutzt werden, sondern der Schnellempfänger wird vielmehr erst an den Stellen angeschlossen, an denen in Abb. 48, S. 45 der Morseschreiber angeschlossen ist. Diese Punkte a und b sind nochmals in Abb. 97 wiedergegeben. Die hier aufgedrückten Empfangszeichen wirken auf die Relaiszunge ein, indem sie diese nach rechts oder links in der Abb. 97 ausschlagen lassen. Infolgedessen wird entweder ein positiver oder negativer Stromstoß erzeugt, welcher einerseits unter Zwischenschaltung der Anschlußscheibe und Schleifbürste, die sich genau synchron dreht mit der Schleifbürste des fernen Senders, andererseits durch 5 polarisierte Kombinationsrelais ausgenutzt wird. Diese letzteren betätigen die 5 bzw. 6 Kontaktringe einer nach einem bestimmten System in Segmente unterteilten Übersetzerscheibe, deren entsprechend geformter Kontaktbürstenhalter mit Kontaktbürsten auf der gleichfalls vom Antriebsmotor und der oben erwähnten Empfangsschleifbürste befestigten Welle montiert ist. Auf dieser ist außerdem noch das Typenrad angeordnet, auf dessen Umfang die sämtlichen 50 Schriftzeichen des Lochbildstreifens gemäß Abb. 43 von S. 39 montiert sind. Wenn also den Sender eine Lochkombination passiert, und dementsprechend Zeichen auf der Empfangsstelle aufgenommen werden, wird synchron hiermit der Druckmagnet an der betreffenden Stelle, welche der Lochkombination des Senders entspricht, gegen das Typenrad gedrückt, und das betreffende Zeichen erscheint auf dem Papierstreifen. Die Zeitdauer des Gegendrückens des Druckmagnetes gegen das Typenrad beträgt $^1/_{10}$ Sekunde.

Die Ausführung des Apparates stellt Abb. 98 dar. Links ist die Übersetzerscheibe mit Schleifbürste, Typenrad, Druckmagnet und Antriebsmotor nebst Tachometer und Widerstand ersichtlich. Auf dem unteren Brett ist in der Mitte die Anschlußscheibe und davor das Empfangsrelais, rechts und links sind die Übersetzerrelais angebracht.

Als einen besonderen Vorteil des Typendruckers muß man es bezeichnen, daß evtl. Störungen im Betrieb sich ohne weiteres kenntlich machen und demgemäß rasch behoben werden können.

Die im allgemeinen möglichen Fehler gibt der Streifen gemäß Abb. 99 wieder. An den Stellen a ist das Vorhandensein zu großer Stromstärke in der Apparatur kenntlich. Bei b treten falsche Buchstaben auf. Sofort setzt das Arbeiten der Synchronisierungseinrichtung ein, und zwar von c an, bis sich der Apparat wieder von selbst richtig eingestellt hat.

VI. Gesichtspunkte für die Radioschnellverkehrsanlage.

A. Gesamtanordnung.

Gleichgültig, ob es sich für eine Station für kontinentalen oder transozeanischen Verkehr handelt, gelten für die Anlage alle Gesichtspunkte, welche für den normalen Duplexverkehr (H. Bredow) maßgebend sind.

Im Einklang hiermit und darüber hinaus ist noch folgendes zu bemerken.

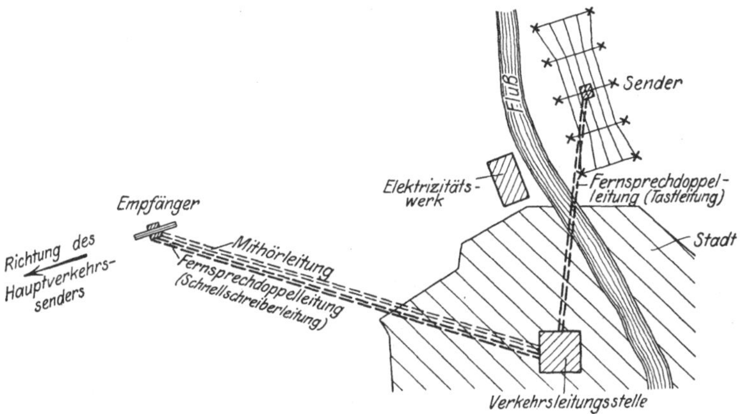

Abb. 100. Angenommene Lage des Senders, Empfängers und der Verkehrsleitungsstelle.

Die Verkehrsleitungsstelle ist in ihrer Lage gegeben (s. Abb. 100). Sie wird im allgemeinen mit einem Verkehrszentrumspunkt zusammenfallen, wie z. B. in Berlin mit dem Haupttelegraphenamt. Meist werden die Verhältnisse in der Nähe der Verkehrsleitungsstelle sowohl für den Sender (Antennenanlage

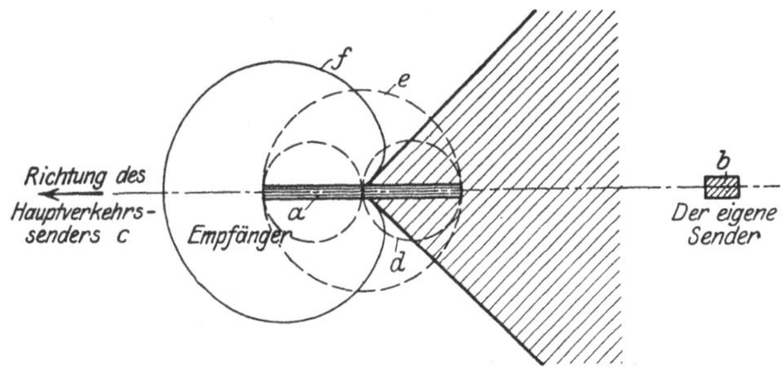

Abb. 101. Strahlungsdiagramm der abgeblendeten Rahmenantenne von A. Esau (Telefunken).

als auch Rücksicht auf benachbarte Stationen) sowie namentlich für den Empfänger besonders ungünstige sein. Infolgedessen ist in fast allen Fällen eine räumliche Trennung der Verkehrsleitungsstelle vom Sender und von der Empfangsanlage notwendig. Hierdurch wird allerdings der Vorteil aufgehoben, den man bei früheren drahtlosen Anlagen allgemein besaß, nämlich Sender und Empfänger an einer Stelle vereinigt zu haben, so daß Rückfragen, Meldung von Störungen usw. sofort erledigt werden können. Infolgedessen ist naturgemäß für eine einwandsfreie Draht- oder besser Kabelverbindung zwischen Verkehrsleitungsstelle, Sender und Empfänger Sorge zu tragen. Am zweckmäßigsten erscheint mindestens zwischen Verkehrsleitungsstelle und Empfänger eine Verbindung durch Hughestelegraphen oder auch durch gewöhnliche Fernsprechleitungen. Zwischen Empfänger und Sender wird eine Fernsprechleitung genügen, wenn das Senden und die Niederschrift des Empfangs in der Verkehrsleitungsstelle bewirkt wird (F. Banneitz 1920). Man kann aber auch ähnlich wie bei der Anordnung der Radio Corporation (siehe Abb. 103) verfahren.

Durch diese räumliche Trennung der drei Stellen werden ganz außerordentliche Vorteile erzielt. Zunächst ist es möglich, Sender und Empfänger mit den für sie passendsten Antennenanlagen auszurüsten. Außerdem ist aber erst hierdurch die Möglichkeit nicht nur eines Duplexbetriebes gegeben, sondern außerdem auch evtl. einen noch weiter ausgebauten Mehrfachempfang zu erzielen. Dies wird dadurch bewirkt, daß die Empfangsantenne „abgeblendet" ausgeführt wird (A. Esau, Telefunken 1920). Man stellt sie z. B. als einfach symmetrisch

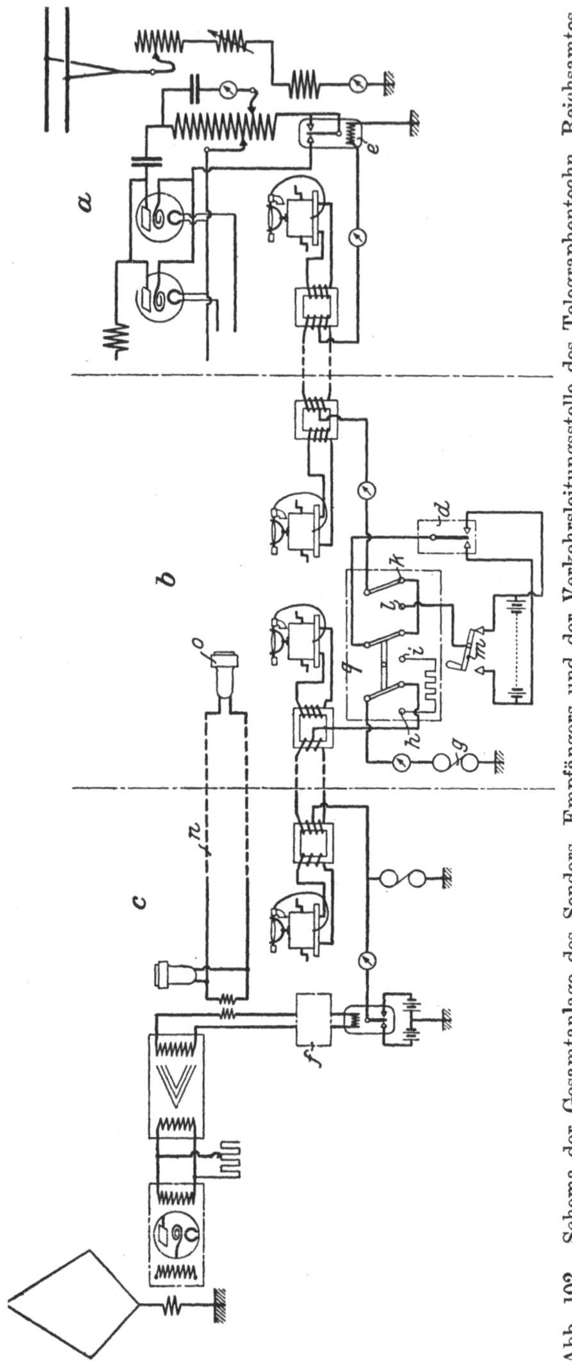

Abb. 102. Schema der Gesamtanlage des Senders, Empfängers und der Verkehrsleitungsstelle des Telegraphentechn. Reichsamtes.

unterteilten, in sich geschlossenen Rahmen dar, welcher über eine Abstimmungs- und Kopplungsspule sowie über einen Abstimmungskreis geerdet ist und wobei mit dieser Anordnung der Empfänger gekoppelt ist (siehe Abb. 69, S. 67). Durch eine derartig kombinierte offene Rahmen-Antenne wird ein Diagramm, etwa entsprechend Abb. 101, erzielt. Hierin bedeutet a die gegen den eigenen Sender b hin abgeblendete Antenne von oben gesehen, b den eigenen fast beliebig nahen Sender, c die Richtung des entfernten Senders, von welchem die Empfangsantenne a empfangen soll. Durch die Kombination der Spulenantenne mit der offenen Antenne wird aus den Fernwirkungscharakteristiken d und e für Spule und offenen Luftleiter die kombinierte Fernwirkungscharakteristik f der abgeblendeten Antenne, welche eine ausgesprochene Abblendungsfläche (in der Abbildung der chaffrierte Teil) gegen den eigenen Sender hin besitzt. Außerdem wird bei dieser Anordnung der Vorteil erreicht, daß vom fernen Sender c die Zeichen etwa doppelt so stark empfangen werden als mit gewöhnlicher Spulenantenne. Infolge der nicht vorhandenen Störmöglichkeit durch den eigenen Sender soll mit dieser Anordnung ein

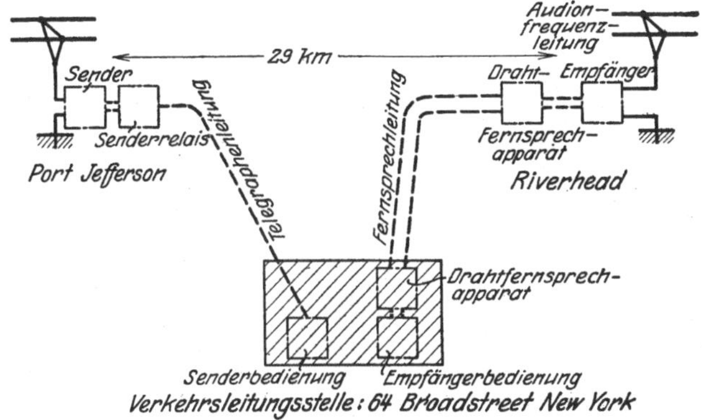

Abb. 103. Schnelltelegraphieanordnung der Radio Corporation.

Duplexverkehr sogar dann möglich sein, wenn die Welle des benachbarten Senders gleich der des fernen Senders ist, ja, es wird sogar behauptet, daß die Abgleichung um so einfacher ist, je mehr die beiden Wellen einander gleich sind.

Weiterhin ist aber für die Empfangsanlage der außerordentliche Vorteil vorhanden, daß man diese an einem Ort aufbauen kann, welcher frei ist von allen Störungen durch elektrische Betriebe, Fabriken, Hochspannungsleitungen, Straßenbahnen usw., was bei den modernen Empfangsanlagen um so wichtiger erscheint, als diese mit den verschiedenartigsten Mittelfrequenz- und Niederfrequenzverstärkern ausgerüstet sind, welche in ihren Wellenbereichen auf diese Störungen reagieren können.

Das Schema der von F. Banneitz (1920) beim Telegraphentechnischen Reichsamt angegebenen Gesamtanlage ist in Abb. 102 dargestellt. a bezeichnet den Sender, b die Verkehrsleitungsstelle, c den Empfänger. Alle drei sind räumlich voneinander getrennt. Die Verkehrsleitungsstelle ist durch je eine Fernsprechdoppelleitung mit dem Sender und mit dem Empfänger verbunden. Zugleich wird auf der Leitung, welche nach dem Sender hinführt, von dem in der Verkehrsleitungsstelle aufgestellten Schnellsender d das Tastrelais e des Senders betätigt. Auf der Fernsprechleitung, die von der Verkehrsleitungs-

stelle nach dem Empfänger hinführt, werden die Lokalströme des Empfangsrelais f zur Betätigung des Schnellschreibers g übertragen. Zweckmäßig
werden direkt an der Empfangsstelle die Signale verstärkt, bevor sie durch
die Übertragungsleitungen der Verkehrsleitungsstelle zugeführt werden (Trans-
radiobetrieb Geltow-Berlin). Eine Verstärkung der Zeichen in der Verkehrsleitungsstelle selbst hat sich häufig als unzweckmäßig herausgestellt, da alsdann meist eine Verstärkung der Störungen, Induktionen auf die Übertragungsleitungen, der örtlichen Geräusche usw. bewirkt wurde. Außerdem ist die
Anordnung so getroffen, daß sowohl die Schaltung des Schnellgebers als auch
des Schnellschreibers in der Verkehrsleitungsstelle vor Betriebsbeginn und bei
etwaigen Störungen in sich geprüft werden können, eine Einrichtung, welche
sich in der Drahttelegraphie ständig bewährt hat. Dies wird bewirkt mittels
eines doppelpoligen Umschalters q, welcher entweder auf die Prüfkontakte h

Abb. 104. Ansicht des Innenraumes der Verkehrsleitungsstelle 64 Broadstreet New York.

oder auf die Betriebskontakte i geschaltet werden kann. Außerdem kann durch
einen weiteren Umschalter die Tastleitung entweder auf den Schnellgeber k
oder auf den Handtaster m in Stellung l gekoppelt werden. Ferner ist durch
eine weitere Doppelleitung n die Möglichkeit vorhanden, mit dem Telephon o
den Empfang in der Verkehrsleitungsstelle direkt zu kontrollieren. Vor der
Verkehrseröffnung werden durch Schaltung mit dem Prüfschalter auf Kontakt h die Telegraphenapparate in sich geprüft, darauf wird der Sender unter
Einschaltung auf die Verkehrswelle mit kleinster Energie geprüft, so daß ein
Kreisbetrieb vom Schnellgeber in der Verkehrsleitungsstelle über den Sender
nach dem Empfänger und zurück über den Schnellschreiber erfolgt. Erst
nachdem diese Prüfung der Anlage in sich stattgefunden und befriedigt hat,
erfolgt die Schaltung auf normalen Betrieb.

Eine bereits ausgebaute, bzw. noch im Bau begriffene Schnellverkehrsanlage der Radio Corporation in und bei New-York (J. Weinberger 1921)
gibt Abb. 103 schematisch wieder. Alle zur Schnellverkehrsanlage gehörenden
Sender sind bzw. sollen in Port Jefferson auf Long Island vereinigt werden,

und desgleichen sollen alle für den Schnellverkehr benutzten Empfänger in den ca. 29 km von Port Jefferson entfernt liegenden Riverhead zusammengebaut werden. Die Verkehrsleitungsstelle liegt in der inneren Stadt von New-York in der Broadstreet. Hierselbst arbeiten die für den Sende- und Empfangs-

Abb. 105. Amerika-Saal der „Transradio A. G.".

verkehr benötigten Beamten gemeinsam an einem Tisch. Die Anordnung dieses Raumes geht aus der Abb. 104 hervor.

Die drahtlose Übersee-Verkehrs-A.-G. „Transradio" ist im Begriff, eine mustergültige Schnellverkehrsanlage zu schaffen. Als Sender dient Nauen und zwar können zu gleicher Zeit drei Sender auf je drei dazu gehörenden

Antennen arbeiten, welche von der Verkehrsleitungsstelle in Berlin O., Oranienburgerstr. 35, in den Räumen der Reichspost untergebracht, getastet werden. Als Empfangsstationen dienen die bis auf weiteres in Geltow vorgesehenen sieben abgeblendeten Rahmenempfänger, welche von einem Funkbeamten

Abb. 106. Empfangsräumlichkeiten in Geltow der „Transradio A. G.“

überwacht werden und die aufgenommenen Zeichen direkt in die Verkehrsleitungsstelle in Berlin mittels Hörübertragungsleitungen, die teils oberirdisch, teils in Kabeln verlegt sind, übertragen. Den „Amerika-Saal“ der Verkehrsleitungsstelle gibt Abb. 105 wieder. Es sind aus dieser Abbildung auch alle wesentlichen Teile von Abb. 102 (Gesamtschnelltelegraphenanlage) erkennbar. Auf dem im Vordergrunde befindlichen Sendertisch sind zwei automatisch wirkende Siemens-Maschinengeber erkennbar. Der linke dient zum Betriebe, der rechte für Reservezwecke. Rechts neben dem Beamten ist eine Handtaste angebracht, welche zu Rückfragen während des Sendens dient. Der Sendebeamte (in der Abbildung im Vordergrund links) hört während des Sendens mit, indem das Doppelkopftelephon mit einem kleinen Audionempfänger verbunden ist, der auf den fernen Sender abgestimmt ist. Beim Konstatieren

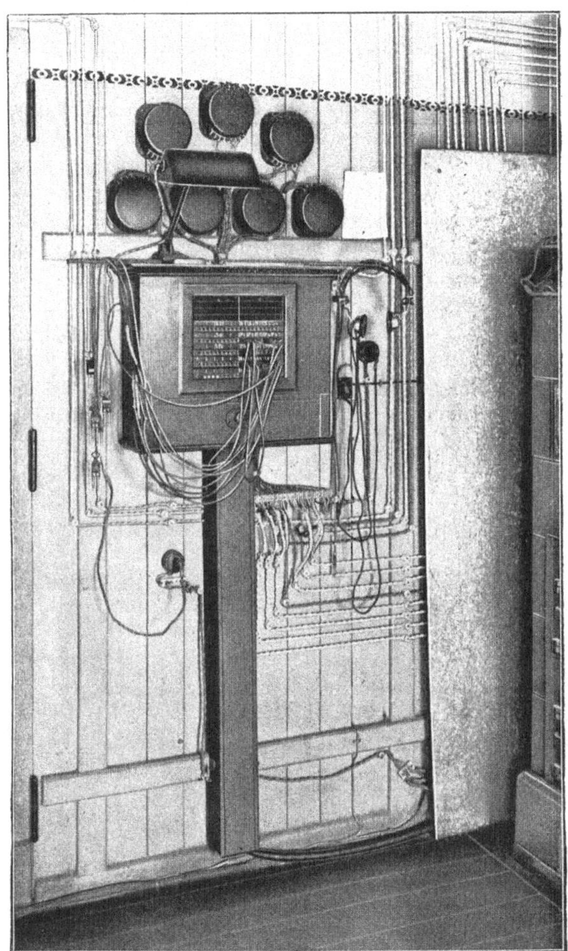

Abb. 107. Klappenschrank zur Verkehrsleitungsstelle.

schlechter Sendezeichen findet eine Benachrichtigung des Senderbeamten in Nauen durch Fernsprecher statt. Gegenüber dem Senderbeamten, am selben Tisch, nur durch eine Glaswand getrennt, sitzen die Empfangsbeamten, welche bei geringer Wortzahl die aufgenommenen Telegramme nach dem Gehör mittels Schreibmaschine niederschreiben, oder bei Schnellempfang den Siemens-Typendrucker kontrollieren. Die gesamte Schaltung der bertragungsleitungen (Empfang) und der Tastleitungen (Senden) findet über den Klinkenschrank statt (siehe Abb. 107).

Die Gesamtanordnung der Räumlichkeiten in Geltow gibt Abb. 106 wieder. Die Baulichkeit rechts im Bilde enthält den Raum, in welchem sämtliche abgeblendete Rahmenempfänger aufgestellt sind. Der in der Mitte erkennbare Mast wird nicht mehr benutzt. Er diente ursprünglich für einen großen Empfangsrahmen für den Amerikaverkehr. Dafür ist in dem Turm links ein größerer mit vierfachen Eisenwänden versehener Empfangsraum vorgesehen, dessen Zugänge von dem Nauensender abgewendet sind. Über diesem, gegen atmosphärische Einflüsse geschützt, ist reichlicher Platz für die gegen atmosphärische Einflüsse geschützte Rahmenantenne. Da die Empfangsbedingungen zu verschiedenen Zeiten vollkommen verschieden sind, wird es vielleicht notwendig werden, zu einer Verkehrsleitungsstelle mehrere in weit auseinanderliegenden Gegenden (ca. 200 km Entfernung) aufgestellte Rahmenanlagen vorzusehen, welche mit der Verkehrsleitungsstelle in bester Verbindung sind und die wahlweise benutzt werden können.

Die Übertragung von der Empfangsanlage in Geltow zur Verkehrsleitungsstelle in Berlin N erfolgt mittels normalem, mit Ringübertragern versehenem Klinkenschrank, wie dieser in Abb. 107 wiedergegeben ist. Zur Übertragung nach der Verkehrsleitungsstelle werden zur Zeit vier Doppelleitungen benutzt, welche vom Haupttelegraphenamt bis Potsdam in Kabeln, von Potsdam bis Geltow oberirdisch verlegt sind. Ferner ist eine direkte Fernsprechverbindung zwischen Geltow und der Verkehrsleitungsstelle in Berlin vorgesehen. Über die Übertragungsleitungen ist durch besondere Anordnungen die gleichzeitige Abwickelung von zur Zeit sechs drahtlosen Zeichengebungen ermöglicht.

B. Polytopische (Weltzeit-)Uhr von R. Hirsch.

Vor Herausgeben des Schnelltelegramms ist es wesentlich, daß sich der Dispositionsbeamte klar ist, welche Zeit am Empfangsorte herrscht, um das Telegramm nach Möglichkeit in die günstigsten Operationsstunden hinein zu verlegen. Insbesondere zu Zeiten starker atmosphärischer Störungen wird er nach Möglichkeit bei Telegrammen auf sehr große Entfernungen die Nacht- oder frühen Morgenstunden bevorzugen. Er wird aber auch häufig so operieren müssen, daß das Zwischengelände zwischen Sender und Empfänger Nachtzeit aufweist. Um dieses zu bewirken, müßte er jedesmal rechnen, was einerseits immer eine gewisse Zeit in Anspruch nimmt, andererseits leicht zu Irrtümern Veranlassung geben kann. Infolgedessen wird auf sämtlichen Stationen vorteilhaft die von R. Hirsch konstruierte, von Siemens & Halske A.-G. gebaute „polytopische" Uhr benutzt. Diese Weltzeituhr, von der mehrere verschiedene Ausführungsformen, von großer Wanduhrausführung bis zur Taschenuhrgröße herab, gebaut werden, wird entweder mit auf einer zweigängigen Spirale montierten Zeigern, von denen jeder die Uhrzeit einer bestimmten Station anzeigt, ausgeführt, oder aber sie wird, namentlich für die größeren für die Wand bestimmten Ausführungen, zeigerlos gemacht. Von letzterer gibt Abb. 108 ein Bild. Bei dieser besteht das Zifferblatt aus einem feststehend montierten, zifferblattartigen Kreisring, welcher in 24 Stunden, entsprechend der Tages- und Nachtzeit, eingeteilt ist. Im Innern dieses Ringes rotiert eine durchscheinende Scheibe, auf welche die azimutale Projektion der Erdkugel gegen den Nordpol zu betrachtet aufgetragen ist. Die Scheibe dreht sich innerhalb 24 Stunden von $0°—360°$ im umgekehrten Uhrzeigersinne, also von rechts nach links herum. Trotz der teilweisen Verzerrung und willkürlichen Auseinanderklappung der südlichen Hemisphäre wirkt die Darstellung doch nicht allzu ungewohnt, und vor allem sind die Aufsuchung und Eintragung eines Ortes auf der Erde sofort auszuführen. Der betreffende Stationsort wird mit einem radialen Zeigerpfeile versehen und auf diese Weise kann sofort für jeden Ort die Uhrzeit auf dem Ziffernring abgelesen werden. Der untere Teil wird durch eine Beleuchtungsvorrichtung hell beleuchtet, während der obere Teil, um anzudeuten, daß auf ihm Nacht herrscht, nur eine matte Beleuchtung aufweist, doch genügend, um ein Aufsuchen und Ablesen der Stationsorte zu ermöglichen.

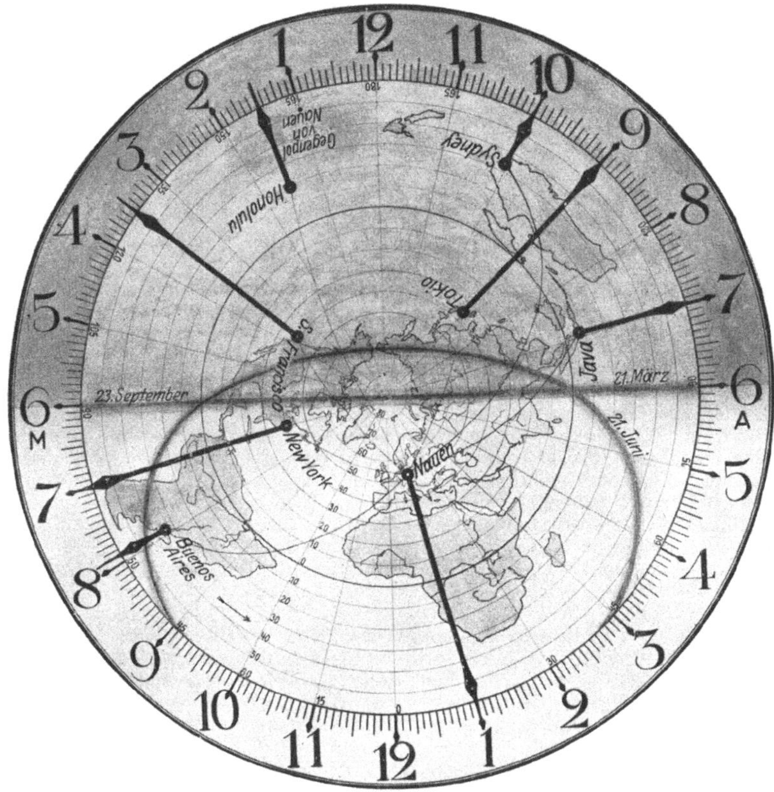

Abb. 108. Zifferblatt der Weltzeituhr von R. Hirsch.

Man kann also bei Betrachtung der Uhr mit einem Blick ersehen, ob das Zwischengelände zwischen Sender und Empfänger ganz oder teilweise Tag oder Nacht besitzt und welche Zeit die Empfangsstation jeweilig aufweist.

Außer der Uhrzeit läßt sich übrigens auch leicht der Datumwechsel feststellen, da der neue Tag für den Bewohner des 180. Längengrades zuerst beginnt. Jener Kreissektor, der zwischen dem 180. Längengrad und dem auf der Karte stets nach oben gerichteten Mitternachtsmeridian liegt, wird im Datum stets um einen Tag voraus sein gegen die andern Orte auf der Erde.

Wesentlich sind ferner noch die Dämmerungslinien, die auf der Uhr gleichfalls angedeutet sind. Zur Zeit der Tag- und Nachtgleiche geht diese

Dämmerungslinie durch den Pol in horizontaler Richtung zwischen 6 Uhr morgens und 6 Uhr abends. Zur Zeit der Sommersonnenwende wird für die nördliche Erdhälfte die Schattengrenze jenseits des nördlichen Poles kleiner, am 21. März wird sie diesseits des nördlichen Polarkreises liegen. Die Beleuchtungsgrenzen für die dazwischenliegenden Monate verlaufen entsprechend zwischen diesen Kurven. Die Dämmerungslinien stehen fest auf der Glasscheibe des Zifferblattes. Die Erdscheibe rotiert unter ihnen hinweg, so daß man in der Lage ist, den Zeitpunkt des Sonnenauf- und -Unterganges von jedem Ort und an jedem Datum mit einem Blick zu ersehen, woraus die Länge des Tages und der Nacht für jeden Ort festgestellt werden kann.

Bei Zunahme des Schnelltelegraphenverkehrs wird sich auch die Aufstellung derartiger Uhren in größeren Verkehrszentren, Hotels usw. empfehlen, da alsdann die Interessenten bei Betrachtung der Uhr sofort übersehen, bis zu welchem Termin sie Telegramme aufgeben müssen, damit diese zu einem bestimmten Zeitpunkt in Händen des Empfängers sind.

VII. Literatur.

I. Schnelltelegraphie im allgemeinen. Generelle Gesichtspunkte für Radioschnellverkehr.

Arco, Graf G. v., Festschrift zur Einweihung der Großfunkenstelle Nauen. Die verschiedenen Hochfrequenzmaschinen für ungedämpfte Sender von Großstationen. S. 63.

Banneitz, F., Über Betriebsversuche und Erfahrungen mit drahtloser Schnelltelegraphie. Mitteilung aus dem Funkbetriebsamt (jetzt Telegraphentechnisches Reichsamt), Berlin. In dieser grundlegenden Arbeit des auf dem Schnelltelegraphengebiet ohne Draht maßgebendsten Fachmannes der deutschen Behörde, gibt der Verfasser eine eingehende Schilderung des Senders, Schnellempfängers und des Betriebsraumes. Es werden mehrere von dem Verfasser geschaffene Apparate und Anordnungen für den Schnellverkehr beschrieben. Telegraphen- und Fernsprechtechnik. 1920. S. 90ff. Selbstreferat in ETZ. 1921. S. 714, 1278 (Brief).

Bredow, H., Der deutsche Vielfachfunkverkehr und seine Eingliederung in den Drahtverkehr. Festschrift zur XXVIII. Jahresversammlung des Verbandes Deutscher Elektrotechniker. München 1922. Julius Springer und Verein Deutscher Ingenieure. S. 21.

Cusins, A. G. T., Drahtlose Schnelltelegraphie. Die Arbeit schildert im wesentlichen die bei dem Royal Signal Corps während und nach dem Kriege getroffenen Schnellverkehrseinrichtungen. Unter Benutzung des Wheatstonesenders und des Creeddruckers auf der Empfangsseite wurden Wortgeschwindigkeiten von ca. 100 pro Minute bewältigt. Von besonderem Interesse ist die Schaffung des „Schwingrelais" („Trigger Relais") und eines Schnellunterbrechers („Löschers"). Journ. of the Institution of Electrical Engineers **60**. 1922. S. 245. Übersetzung von M. Kagelmann. Jahrbuch der drahtlosen Telegraphie. **20**. 1922. S. 93. S. 193.

Dornig, W., Die drahtlose Großstation Nauen. Der Hochfrequenzmaschinensender. ETZ. **40**. 1909. S. 666, 687.

Dosne, The Geneva-London Radio Circuit. Radio Review **2**. 1921. S. 535.

— The Paris-London Radio Circuit. Radio-Electricité. 1. 1921. S. 404. **2**. 1921. S. 60.

Fleming, J. A., The Principles of Electric Wave Telegraphy and Telephony. Third Edition. S. 708—719.

Fürst, A., Im Bannkreis von Nauen. Deutsche Verlagsanstalt. 1922. S. 164ff.

Lertes, P., Die drahtlose Telegraphie und Telephonie. Th. Steinkopff. Dresden und Leipzig 1922.

Nesper, E., Handbuch der drahtlosen Telegraphie und Telephonie. Julius Springer, Berlin 1921. 1 und 2, insbes. 2. S. 243ff.

Quäck, E., Das Herz der telegraphiertechnischen Einrichtungen von Transradio. Telefunkenztg. V. Nr. 28. Juli (Oktober) 1922. S. 16.

Verch, H., Schnelltelegraphie auf Großstationen. Telefunkenztg. IV. Nr. 22. März 1921. S. 17.

Weinberger, Z., The recording of high speed signals in radio telegraphy. Ausführliche Schilderung der verschiedenen Methoden zur Niederschrift von Signalen, insbesondere des Siphon recorders und des Tintenschreibers von Blakeney, Versuchs- und Betriebsinstallationen. Literaturverzeichnis. Radio Corporation of America. Institute of Radio Engineers f. Dezember 1921. Ausführliches Referat von H. Eales, Jahrb. **20.** 1922. S. 30.

Wratzke, Die drahtlose Schnelltelegraphenverbindung zwischen Berlin und London. Beschreibung des Röhrensenders und Empfängers. Betriebserfahrungen. Telegraphen- und Fernsprechtechnik 1921. S. 105 ff.

II. Hochfrequenzsendequellen.

Arco, Graf G. v., Moderner Schnellempfang und Schnellsender. Dieser Vortrag schildert die allgemeinen, für den Schnellverkehr z. Zt. maßgebenden Gesichtspunkte, insbesondere mit Rücksicht auf Telefunken. Jahrb. 19. 1922. S. 388.

Fleming, J. A., The Principles of Electric Wave Telegraphy and Telephony. Third Edition. S. 708—719.

Nesper, E., Handbuch der drahtlosen Telegraphie und Telephonie. Julius Springer, Berlin 1921. **1** und **2.**

IIa. Röhrensender und Röhren.

Es sind in dieser Rubrik teilweise auch Verstärker- und Empfängerröhren und diesbezügliche Zusatzarbeiten mit aufgenommen, da eine vollkommene Trennung teils nicht möglich, teils nicht zweckmäßig erschien wegen des Ineinandergreifens der Anwendungsgebiete und Erscheinungen.

Abraham, M., Berechnung des Durchgriffs von Verstärkerröhren. Arch. f. Elektrot. 8 (1). 1919. S. 42.

Allgemeine Elektrizitätsgesellschaft, Entladungsgefäß für elektrische Schwingungen. Offenbar überhaupt erste Veröffentlichung über eine mit mehreren Zwischenelektroden und eventuell mehreren Anoden versehene Entladungsröhre insbesondere für Verstärkungszwecke. D. R. P. Nr. 293539. 30. 10. 1914.

— — Entladungsgefäß für elektrische Schwingungen. Elektronenröhre mit mehreren Gitterelektroden und mehreren Anoden. D. R. P. Nr. 293539. 30. 10. 1914.

— — Einrichtung zur Aussendung wellentelegraphischer Zeichen durch Hochfrequenzströme. Mehrere parallelgeschaltete Röhren, die aufeinander folgend auf verschieden große Spannungen ansprechen. Beeinflussung der Gitterspannung durch das Mikrophon. D. R. P. Nr. 298380. 1. 5. 1915.

— — Verfahren und Einrichtungen zur Verstärkung elektrischer Schwingungen, insbesondere für die drahtlose Nachrichtenaufnahme. Röhrensenderschaltung mit Strombegrenzern zwischen dem Verstärker und seiner sekundären Stromquelle. D. R. P. Nr. 298382. 11. 12. 1915.

— — Einrichtung zur drahtlosen Übermittlung von Zeichen, insbesondere Tönen. Veränderung der Energieaufnahme des Röhrenkreises in Übereinstimmung mit den zu übertragenden Tonwellen. D. R. P. Nr. 298622. 19. 9. 1915 und Zusatz D. R. P. Nr. 299312. 6. 6. 1916.

— — Abgestimmtes Empfangssystem für elektrische Schwingungen. Röhrenempfangsschaltung, wobei der Hilfsstromkreis jeder Entladungsröhre mit einem der abgestimmten Schwingungskreise und der Anodenkreis mit dem folgenden Schwingungskreis verbunden ist zwecks Relaiswirkung. D. R. P. Nr. 299301. 30. 10. 1914.

Armstrong, E. H., Operating features of the audion. Explanation of its action as an amplifier, as a detector for high frequency oscillations and as a „valve". Untersuchung mit Schleifenoszillograph. Electr. World. **64.** 1914. S. 1149.

Arnold, H. D., Erscheinungen in Elektronenröhren mit Oxydkathode. Jahrb. d. drahtl. Telegr. u. Teleph. **16.** 1920. S. 458; Ref. über Phys. Rev. **16.** 1920. S. 70.

— „Einige neuere Verbesserungen am Audionempfänger", das Audion als Detektor und Verstärker, als Generator und Schwebungsempfänger. Kaskadensysteme. Gibt eine sehr ausführliche zusammenfassende Arbeit aus dem Jahre 1915 über die Audionröhre einschließlich hierzugehörender Bemerkungen von L. de Forest. Jahrb. **12.** 1917. S. 241.

— Neuere Ausgestaltungen des Audiontelephons. Diese Arbeit, welche eine der ersten ausführlichen Darstellungen der Röhre und ihrer wichtigsten Schaltungen darstellt, beschäftigt sich mit dem Audion, also der Röhre als Detektor und Verstärker, den verschiedenen hierfür anzuwendenden Schaltungen für Radiofrequenz, der Röhre als Generator und Schwebungstelephon usw. und ist mit zahlreichen Charakteristiken und Oszillogrammen, welche den Schwingungsverlauf in den einzelnen Kreisen darstellen, ausgestattet. Proceedings of the Institute of Radio-Engineers. Bd. 3. S. 215.

Banneitz, F., Über Betriebsversuche und Erfahrungen mit drahtloser Schnelltelegraphie. Mitteilung aus dem Funkbetriebsamt (jetzt Telegraphentechnisches Reichsamt), Berlin. Telegraphen- und Fernsprechtechnik. 1920. S. 90ff. Selbstreferat in ETZ. 1921. S. 714. 1278 (Brief) (siehe auch unten I).

Barkhausen, H., Die Vakuumröhre. Verlag S. Hirzel, Leipzig 1919.
— Die Vakuumröhre und ihre technischen Anwendungen. Jahrb. **14**. 1919. S. 27; **16**. 1920. S. 82.
— Einheitliche Bezeichnungen. Jahrb. **14**. 1919. S. 2.

Becker, A., Vergleich der lichtelektrischen und thermischen Elektronenemission. Ann. d. Phys. (4) **60**. 1919. S. 30.

Bethenod, J., Über die Verwendung des Audions als Generator mit Selbsterregung. Jahrb. **12**. 1917. S. 178.

Bijl, H. J. van der, Theory of Thermionic Amplifier. Phys. Rev. **12**. 1918. S. 171.

Bown, R., Innere Beziehungen in drahtlosen Empfängern vom Audiontyp. Referat Jahrb. **13**. 1918. S. 142. Die Bownschen Untersuchungen und Zusammenstellungen, welche über eine große Zahl experimenteller Daten verfügt, geben ein ziemlich abschließendes Bild über die Verwendung der Audionröhre als Detektor und behandeln nicht nur die Abhängigkeit der Anodenstromstärke vom Gitterpotential, sondern auch die Abhängigkeit der Gitterstromstärke vom Gitterpotential, Anodenstrom vom Kathodenstrom, Wirkung des Gases sowie die progressive Ionisation. Electrician **80**. 1917. S. 112.
— Innere Beziehungen in drahtlosen Empfängern vom Audiontyp. Diese Arbeit gibt eine übersichtliche Darstellung derjenigen Anforderungen, welche an die Röhren für Empfangszwecke zu stellen sind. Sie schildert experimentelle Untersuchungen sowohl der Gitterstromstärke als auch der Plattenstromstärke in Abhängigkeit von Gitterpotential und beschreibt den Einfluß von Gas in der Röhre. Diese Ausführungen erscheinen um so beachtenswerter, als neuerdings Amerika allgemein auf gasgefüllte Röhren für Empfänger und Verstärkerzwecke überzugehen scheint. Jahrb. **13**. 1917. S. 142 und Electr. **80**. 1917. S. 112—114.

Brandt, W., Über die Phasenverhältnisse beim Audion und Rückkoppelung. Diskussion der Wirkung verschiedener Phasen zwischen der in der Röhre vorhandenen Wechselspannung und der durch die Rückkoppelungseinrichtung aufgedrückten Wechselspannung. Meßanordnung, um die hierbei erzeugte Stromamplitude zu messen. Phys. Zeitschr. 20. Jahrg. 1919. S. 149.

Brewer, R. W. A., Structure and Operation of the Vacuum Valve. Journ. of Electr. **44**. 1920. S. 102.

Catterson Smith, J. K., Notes on the Theory and Calculation of Radio Frequency Valve Magnifiers. Rad. Rev. **1**. 1920. S. 473.

Clement, L. M., The Problem of Vacuum Tube Circuits. Everyday Eng. Mag. **7**. 1919. S. 367.

Cole, A. D., Characteristic Curves of various Types of Audions. Phys. Rev. **11**. 1918. S. 331.

Eales, H., Konstruktionsformen und Schaltungsanordnungen von Röhren insbesondere unter Berücksichtigung französischer, englischer und amerikanischer Patentschriften betr. Audiondetektorschaltungen sowie Röhrensenderschaltungen. Jahrb. **12**. 1917. S. 473.
— Patentschriften über die Herstellung von Röhren. Jahrb. **12**. 1917. S. 305.
— Röhrenschaltungen. Jahrb. **12**. 1917. S. 205.
— Patentschau. Über die Herstellung von Röhren. Jahrb. **12**. 1917. S. 401.
— Röhrensendertastschaltungen von Colpitts. Jahrb. **13**. 1919. S. 443.
— Röhrenverstärker und Zwischentransformatoren. H. de Forest-Arnold. Röhrenund Starkstromröhren. Jahrb. **13**. 1919. S. 451.
— Patentschau: Dynatron und Dynatronschaltungen von Thomson-Houston, General Electric. Jahrb. **13**. 1919. S. 574.

Eccles, W. H., An Investigation on the Internal Action of a Triode Valve. Rad. Rev. **1**. 1919. S. 11.
— The Three-Electrode Thermionic Vacuum Tube and the Revolution in Wireless Telegraphy. Rad. Rev. **1**. 1919. S. 26.
— Measurement of the Chief Parameters of Triode Valves. Proc. Phys. Soc. London **32**. 1920. S. 92.
— The Algebra of Ionic Valves. Electrician **84**. 1920. S. 162.
— Thermionic Vacuum Tube as Detector, Amplifier and Generator of Electrical Oscillations. Electrician **84**. 1920. S. 522.

Eichhorn, G., Eine neue Methode zur Erzeugung von Hochfrequenzschwingungen. Schaltung zur Verwendung zur Kathodenröhre als Schwingungserzeuger. Beschreibung des Apparates von Telefunken. Jahrb. 9. 1915. S. 393.
— Eine neue Methode zur Erzeugung von Hochfrequenzschwingungen. Schaltung zur Verwendung der Kathodenröhre als Schwingungserzeuger. Darstellung des Apparates von Telefunken. Jahrb. 9. 1915. S. 393.
Epstein, P. S., Zur Theorie der Raumladungserscheinungen. Verh. d. Deutsch. phys. Ges. 21. 1919. S. 85.
Fleming, J. A., The Thermionic Valve in Radio Telegraphy and Telephony. The Wireless Press Ltd. (London 1919).
— The Thermionic Valve in Wireless Telegraphy and Telephony. Nature 105. 1920. S. 706.
— A Note on the Theory of the Thermionic Tube. Rad. Rev. 2. 1921. S. 133.
Forest, L. de, Der Audion-Detektor und Verstärker. ETZ. 35. 1914. S. 699.
— Das Audion als Generator für Hochfrequenzverstärker. ETZ. 35. 1914. S. 856.
— Der Audion-Verstärker und das „Ultraudion". Ausführliche Schilderung der Entwicklung und der Vorteile des Audions. Jahrb. 9. 1915. S. 383.
— The ultraudion detector for undamped waves. Electr. World 65. 1915. S. 465.
— Drahtlose Telegraphie. Audionröhre mit Gitterelektrode, wobei diese jedoch außerhalb der Röhre angebracht ist. Amerikan. Patent Nr. 841386. 15. 1. 1907.
— Schwingungsanzeiger für elektrische Wellen, insbesondere für drahtlose Telephonie. Audionempfangsschaltung und Konstruktionsformen der Röhre mit Zwischenelektrode sowohl zwischen Kathode und Anode als außerhalb derselben angeordnet. Angabe von Heizstromquelle und Anodenhilfsfeld. Der Inhalt dieser Patentschrift umfaßt die prinzipielle Anordnung aller moderner Röhrenempfänger. D. R P. Nr. 217073. 23. 1. 1908.
— The ultraudion detector for undamped waves. Electr. World 65. 1915. S. 465.
— The Pliotron. Electrician. 78. 1917. S. 505.
Gehrts, F., Die Entwicklung der Verstärkerröhre und ihre Verwendung. Naturwiss. 7. 1919. S. 764.
Gesellschaft für drahtlose Telegraphie, Empfangseinrichtung für drahtlose Telegraphie. Hochfrequenzverstärkung. D. R. P. Nr. 271059. 3. 9. 1911 und Zusatz D. R. P. Nr. 282 669. 16. 12. 1913.
Günther, E., Liebenröhre und Audion. Zeitschr. f. phys. u. chem. Unterr. 32. 1919. S. 527.
Gutton, C., La lampe-valve a trois electrodes. Rev. Gen. de l'Electr. 5. 1919. S. 17.
— Wireless Telegraphy and Telephony by Three-Electrode-Valves. Rad. Rev. 1. 1920. S. 300; Ref. über Rev. Gen. de l'Electr. 6. 1919. S. 365.
Hazeltine, L. A., Oscillating Audion Circuits. Proc. Inst. Rad. Eng. 6. 1918. S. 63.
Hodgson, B., and Palmer, L. S., The Effect of Ionisation on a Characteristic Curve of a Three-Electrode Valve containing a Trace of Gas. Rad. Rev. 1. 1920. S. 525.
Holborn, F., Neuere Untersuchungen über das Dynatron. Telegr.- u. Fernspr.-Techn. 10. 1921. S. 17.
Howe, G. W. O., Electronic and Ionic Oscillationes in Thermionic Valves. Rad. Rev. 1. 1920. S. 434.
Hull, H. A. W., The Dynatron, a Vacuum Tube possessing Negative Electric Resistance. Proc. Inst. Rad. Eng. 6. 1918. S. 5.
— Das Dynatron, eine Vakuumröhre mit der Eigenschaft des negativen eletrischen Widerstandes. Jahrb. 14. 1919. S. 47, 157.
Hund, A., Die Glühkathodenapparate im hochgradigen Vakuum und ihre Verwendung in der Elektrotechnik. Wirkungsweise, Formeln und Zahlenwerte für die umgeformten Ströme. Gesichtspunkte und Angaben für den Bau. Verwendung als Verstärker, Telephoniesender und Wechselstromerzeuger. Durch ausführliche wertvolle Angaben ausgezeichnete Arbeit. Jahrb. 10. 1916. S. 521.
— Die Glühkathodenapparate im hochgradigen Vakuum und ihre Verwendung in der Elektrotechnik. Eingehende Untersuchungen über das Audion. Jahrb. 10. 1915. S. 521.
— Die Glühkathodenapparate im hochwertigen Vakuum und ihre Verwendung in der Elektrotechnik. Theorie von Kenetron und Pleiotron. Schaltungsschematas. Jahrb. 10. 1916. S. 521.
Jäger, R., Über Kennlinienaufnahmen von Elektronenröhren. Jahrb. 14. 1919. S. 361.
King, R. W.. The Calculation of Audion constants. Phys. Rev. 14. 1919. S. 532.
Langmuir, J., The pure Electron discharge and its Applications in Radio Telegraphy and Telephony. Proc. of the Inst. Rad. Eng. G. E. Rev, Mai 1916 veröffentlicht und Electrician 75. 1915. S. 240.
— Die Haupterscheinungen in Elektronenröhren mit Wolframkathoden. Elektr. u. Maschinenbau 39. S. 73, 192.

Latour, M., Etude théoretique sur l'Audion. La Lum. El. **35**. 1916. S. 289, siehe auch
　　Phys. Beibl. **41**. 1918. S. 495.
— Theoretische Erörterung des Audions. Jahrb. **12**. 1917. S. 288.
— Audion or Pliotron. Electrician **78**. 1917. S. 477.
— Development of Electron Tubes I. El. World **76**. 1920. S. 521.
Laue, M. v., Glühelektronen. Jahrb. d. Rad. u. El. **15**. 1918. S. 205.
— Die Entropiekonstante der Glühelektronen. Jahrb. d. Rad. u. El. **15**. 1918. S. 257.
— Die Rolle der Bildkraft in der Thermodynamik der Glühelektronen. Jahrb. d. Rad.
　　u. El. **15**. 1918. S. 301.
— Über die Wirkungsweise der Verstärkerröhren. Ann. d. Phys. **59**. 1919. S. 465.
— Die elektrostatische Deutung der kennzeichnenden Kurven bei den Verstärkerröhren.
　　Jahrb. **14**. 1919. S. 247.
— Über die Möglichkeit neuer Versuche an Glühelektroden. Sitzungsber. d. Bayr. Akad.
　　d. Wiss. Heft 1. 1919. S. 53.
— Unter welchen Bedingungen kann man von einem Elektronengas reden? Ann. d.
　　Phys. **58**. 1919. S. 695.
— Über Gleichgewichtszustände bei den von glühenden Körpern entsandten Elektronen.
　　Jahrb. **16**. 1920. S. 199.
Lertes, P., Die drahtlose Telegraphie und Telephonie. Th. Steinkopff. Dresden und
　　Leipzig 1922.
Lieben, R., von, Kathodenstrahlenrelais. Erzeugung von Wellen größerer Amplitude.
　　D. R. P. Nr. 179 807. 4. 3. 1905.
— E. Reiß und S. Strauß, Relais für undulierende Ströme, bei welchen durch die
　　zu verstärkenden Stromschwankungen ein Ionisator beeinflußt wird. D. R. P.
　　Nr. 236 716. 4. 9. 1910.
— — Relais für undulierende Ströme. Einregulierung der Gitterspannung auf ein
　　Optimum. D. R. P. Nr. 249 142. Zusatz zum D. R. P. Nr. 236 716. 20. 12. 1910.
— — Verfahren zur Erhöhung der Lebensdauer, Gleichmäßigkeit und Ökonomie von
　　Entladungsröhren mit glühender Kathode. D. R. P. Nr. 254 588. 13. 7. 1911.
Lindemann, R. und Hupka, F., Theorie der Wirkungsweise der Liebenröhre. ETZ.
　　36. 1915. S. 640.
— — Theorie der Liebenröhre mit einem Beitrag zur Frage nach der Trägheit von
　　Gasentladungen. Verhandl. d. Dtsch. phys. Ges. **16**. 1914. S. 881.
— — Die Liebenröhre. Theorie ihrer Wirkungsweise. Untersuchungen über Strom-
　　verzerrung und Trägheit der Entladung. Archiv f. Elektrot. **8**. 1914. S. 49.
— — Die Liebenröhre. Theorie und Wirkungsweise. Untersuchungen über Stromver-
　　zerrungen und Trägheit der Entladung. Ältere aus dem Jahre **1914** stammende
　　Ausführungen. Jahrb. **12**. 1917. S. 218.
Meißner, A., Über Röhrensender. Nach einer Einleitung, in welcher die Entwicklung
　　der Röhrensenderverstärker, wie sie bei Telefunken stattgefunden hat, beschrieben
　　ist, werden unter Zugrundelegung einer bestimmten Schaltung mit selbstinduktiver
　　Rückkopplung und für eine gleichfalls bestimmte Röhrentype die inneren Bezie-
　　hungen in der Röhre entwickelt wie Anodenstrom- und Gitterstromcharakteristik,
　　Anodenstromkurve, Verluste in der Röhre, von der Röhre gelieferte Nutzenergie
　　sowie Einfluß der Anodenkopplung und Gitterkopplung unter Zugrundelegung
　　eines besonderen Beispiels. ETZ. **40**. 1919. S. 65ff.
Miller, J. M., Abhängigkeit der Impedanz des Eingangskreises einer Dreielektroden-
　　Vakuumröhre von der Belastung im Anodenkreise. Jahrb. **16**. 1920. S. 375.
Möller, H. G., Über Messungen in Elektronenröhren. Arch. f. Elektrot. **8**. 1919. S. 46.
— Die Elektronenröhren und ihre technischen Anordnungen. Vieweg & Sohn, Braun-
　　schweig 1920.
Mühlbrett, K., Über den Gitterstrom von Verstärkerröhren. Jahrb. **17**. 1921. S. 288.
Mullard, S. R., A New Thermionic Valve. El. Rev. **86**. 1920. S. 330.
Nichols, H. W., The Audion as a Circuit Element. Phys. Rev. **13**. 1920. S. 404.
Petersen, T. G., Notes on the Physics of the Thermionic Valve. Wireless World **7** (82).
　　1920. S. 566 und (83). S. 638.
Reiß, E., Neues Verfahren zur Verstärkung elektrischer Ströme. Wirkungsweise, Bau
　　und Schaltung der Liebenröhre. ETZ. **34**. 1913. S. 1359.
Rüchardt, E., Ein Elektronenverstärker für niedrige Anodenspannung. Jahrb. **15**.
　　1919. S. 27.
Rukop, H., Die Hochvakuumeingitterröhre. Jahrb. **14**. 1919. S. 110.
Schirmann, A. M., Berechnung des Durchgriffs von Doppelgitterverstärkerröhren.
　　Arch. f. Elektrot. **8**. 1920. S. 441.
— Zur Theorie der Doppelgitter I. (ein elektrostatisches Problem). Ann. d. Phys. **62**.
　　1920. S. 97.

Schlichter, W., Die spontane Elektronenemission glühender Metalle und das glüh-
elektrische Element. Ann. d. Phys. 47. 1915. S. 573.
Schottky, W., Über den Einfluß von Strukturwirkungen, besonders der Thomson-
schen Bildkraft auf die Elektronenemission der Metalle. Phys. Zeitschr. 15. 1914.
S. 872.
— Elektronendampfproblem und Clausius-Clapeyronsche Gleichung. Phys. Zeitschr. 20.
1919. S. 49.
— Weitere Bemerkungen zum Elektronendampfproblem. Phys. Zeitschr. 20. 1919.
S. 220.
— Zur Raumladungstheorie der Verstärkerröhren. Wiss. Veröff. a. d. Siemens-Konzern
1. 1920. S. 64.
— Über Hochvakuumverstärker. Jahrb. 15. 1919. S. 326; 16. 1920. S. 276, 344; ferner
Arch. f. Elektrot. 8. 1919. S. 1, 12, 299.
— Eine Wechselstromnullmethode zur Bestimmung der Gitterempfindlichkeit von
Verstärkerröhren. Telegr. u.- Fernspr.-Techn. 9. 1920. S. 28.
Scott-Taggart, J., On Valve Characteristic Curves and their Application in Radio-
telegraphy. Wireless World 6. 1918. S. 312, 401.
Taylor, A. H., The double audion type receiver. Electr. World 65. 1915. S. 652.
Turner, L. B., Das Kallirotron, eine aperiodische Röhrenschaltung mit negativem Wider-
stand. Jahrb. 17. 1921. S. 52. Ref. über Rad. Rev. 1. 1920. S. 317.
Vallauri, G., Über die Wirkungsweise in der drahtlosen Telegraphie benutzten Vakuum-
röhre mit drei Elektroden (Audion). Die einzige bis 1919 erschienene ausführlichere
Arbeit über Röhren, welche das Problem insbesondere mathematisch anfaßt. In
physikalischer Beziehung sind in dieser Arbeit neuere Erkenntnisse nicht offenbart.
Jahrb. 12. 1917. S. 349.
— Prove comparative sugli audion (tubi a vuoto o valvole ioniche a tre elettrodi).
L'Elettrotecnica 18—19. 1917.
— Vergleichende Untersuchungen über die Arten des Audions (Vakuumröhren oder
Ionenventile mit drei Elektroden). Jahrb. 13. 1918. S. 25. Auch Electrician 80.
1917. S. 470 u. ETZ. 39. 1918. S. 376.
Western Electric Company, Eine thermionische Verstärkerröhre. Britische Patent-
schrift 1694. 1916 u. Jahrb. 12. 1918. S. 308.
Wien, M., Schwierigkeiten beim Senden und Empfang ungedämpfter Wellen. Jahrb.
14. 1919. S. 442.
Wireless World 5. 1917. S. 158, 230. The Tree-Electrode Valve (Its Working and
Management).
— Vergleichende Untersuchungen über die Arten der Audions-Vakuumröhren oder Ionenventile mit drei Elektroden. Die Arbeit gibt eine gute Zusammenstellung über experimentelle Untersuchungen von Audionröhren, insbesondere im Hinblick auf Ver-
dünnungsgrad der Luft in der Röhre. Gestalt und Lage der Elektroden, um die
okkludierten Gase auszutreiben. Feststellung der Alterungserscheinungen. Jahrb.
13. 1918. S. 25.
Wehnelt, A., Über den Austritt negativer Ionen aus glühenden Metallverbindungen
und damit zusammenhängende Erscheinungen. Herabsetzung des Kathodenfalles
durch Benutzung von Erdkalioxydkathoden im Glühzustand infolge Aussendung
von Elektronen. Wehnelt-Röhre. Ann. d. Phys. IV. 14. 1904. S. 425.
— Über ein elektrisches Ventilrohr. Phys. Zeitschr. 5. 1904. S. 680. Ann. d. Phys. 19.
1906. S. 138.
Wiesent, J., Die Fortschritte der drahtlosen Telegraphie und ihrer physikalischen Grund-
lagen. Die Arbeit gibt eine kurze Übersicht über Röhren, welche mit Gasionisation
und Elektronenemission arbeiten und ihre Anwendung für Sender, Verstärker
und Schwebungsempfänger. Verlag F. Enke 1919.
White, W. C., Das Pliotron als Schwingungserzeuger. Vereinfachte Schaltungsvorrich-
tung für Sende- und Prüfzwecke. Gen. El. Rev. 5. 10. 1917. Referat in E. & M.
36. Jahrg. 1917. S. 10.

II b. Lichtbogensender.

Ayrton, H., The electric arc. London 1902.
Barkhausen, H., Das Problem der Schwingungserzeugung. Leipzig 1907.
— Die Erzeugung dauernder elektrischer Schwingungen durch den Lichtbogen. Jahrb.
1. 1907. S. 243.
— Funke oder Lichtbogen. Jahrb. 2. 1908. S. 40.
Bouthillon, L., Konstruktionsprinzip einer neuen für Hochfrequenz geeigneten Gene-
ratortype. Jahrb. 8. 1914. S. 34.

Burstyn, W., Kopplungserscheinungen bei ungedämpften Schwingungen. ETZ. **41.** 1920. S. 951.

Braun, F. und Mandelstam, L., Vorrichtung zur Erzeugung hochfrequenter elektrischer Wechselströme oder Schwingungen. Lichtbogen in isolierenden Flüssigkeiten. D. R. P. Nr. 198844. 18. 7. 1906.

Diesselhorst, H., Die Fortschritte der drahtlosen Telegraphie. Jahrb. **10.** 1915. S. 1.

Duddell, W., On rapid variations in the current through the direct current arc. Electrician **46.** 1900. S. 269.

Eales, H., Beschreibung französischer Patentschriften über Funkenstreckenanordnungen und Materialien von Torikata-Yokoyama und Kitamura. Jahrb. **12.** 1917. S. 103.

— Patentschau. Energieschaltungen für Lichtbogengeneratoren von Poulsen und Pedersen. Jahrb. **11.** 1916. S. 457.

— Patentschau bespricht u. a. das D. R. P. 283272 von F. Dyrna, Einrichtung zum Doppelsprechen für drahtlose Telegraphie. Jahrb. **10.** 1915. S. 100.

Eastham, M., Der Hytone-Sender für drahtlose Telegraphie. Jahrb. **11.** 1916. S. 248.

Eichhorn, G., Über die Stabilitätsbedingungen des Poulsenschen Lichtbogens nach Tissot. Jahrb. **3.** 1909/10. S. 189.

— Jacoviellos System für Radiotelegraphie. Jahrb. **4.** 1910/11. S. 522.

— William Dubiliers Versuchs- und kommerzielle Station für Radiotelegraphie und Radiotelephonie. Jahrb. **6.** 1912/13. S. 397.

Elwell, C. F., The Poulsensystem of Radiotelegraphy. Electrician 84 (22). 1920. S. 596.

ETZ., **40.** 1919. S. 389, Der Poulsenlichtbogen in der drahtlosen Telegraphie. Ref. über Wireless World 8. 1919. S. 86.

Faßbender, H. und Hupka, E., Nachweis von Schwingungen erster und zweiter Art am Poulsenbogen. Verlag S. Hirzel. Leipzig 1913. Jahrb. **7.** 1913. S. 604.

Fleming, J. A., The electric Arc as a Generator of persistant electric Oscillations. Jahrb. 1917. S. 663.

Fuller, L. F., The Design of Poulsen Arc Converters for Radio-Telegraphy. Proc. Inst. Rad. Eng. 7. 1919. S. 449.

Gesellschaft für drahtlose Telegraphie m. b. H. Verfahren zur Erzeugung elektrischer hochfrequenter Wechseltröme oder Schwingungen nach Art der Duddell- resp. Simon-Anordnung. Anordnung des Lichtbogens in einer Atmosphäre von Helium oder deren Verbindungen oder Gemischen mit anderen Gasen. D. R. P. 193327. 22. 7. 1906.

Glatzel, B., Methoden zur Erzeugung von Hochfrequenzenergien. Ausführliche Übersicht über verschiedene Lichtbogenanordnungen, Oszillogramme. Helios **19.** 1913. S. 137.

Grisson, R., Elektrischer Kondensator. Zerteilung in kurze Wellenzüge des kontinuierlichen Hochfrequenzstromes. D. R. P. 207316. 13. 10. 1906.

Huth, E., F. Verfahren zur Erzeugung von kontinuierlichen elektrischen Schwingungen mit Hilfe eines Lichtbogens, Konische Gestaltung der Elektroden um den Lichtbogen besser abreißen zu lassen. D. R. P. Nr. 224481. 14. 11. 1908.

Kiebitz, F., Einige Versuche über schnelle elektrische Schwingungen. Versuche mit einfachen Hilfsmitteln. Jahrb. **2.** 1908. S. 357. — ETZ. **30.** 1909. S. 20.

Lorenz, A.-G., Hochspannungs-Lichtbogenunterbrecher. Benutzung von Gleichstromspannungen über 1000 Volt. D. R. P. 196504. 23. 9. 1904 und D. R. P. Nr. 204164 1. 1. 1907.

— Schaltung zum Tasten von ungedämpften bzw. kontinuierlichen elektromagnetischen Schwingungen. Tastkreis, um bei ungedämpften Schwingungen während der Tastpausen keine Energie von der Antenne auszustrahlen. D. R. P. Nr. 221030. 26. 8. 1908.

McLachlen, M. W., Einige charakteristische Kurven eines Poulsen-Lichtbogens. ETZ. **38.** 1917. S. 209; Ref. über El. Eng. **12.** S. 350.

Marconi, Wireless Telegraph Co. Ltd. Vorrichtung zur Erzeugung elektrischer Schwingungen, insbesondere für die Zwecke der drahtlosen Telegraphie und Telephonie. Rotierende Funkenstrecken. Elektrodenscheibe zwischen kugelförmig gestalteten Elektroden. D. R. P. 225057. 25. 9. 1907.

— Vorrichtung zur Erzeugung elektrischer Schwingungen, insbesondere für die Zwecke der drahtlosen Telegraphie und Telephonie. Zwei gegeneinander rotierende scheibenförmige Metallelektroden. D. R. P. Nr. 229363. 25. 9. 1907.

— Schaltungsanordnung zur Erzeugung von elektrischen Schwingungen für drahtlose Telegraphie. Schwingungserzeugung mittels gegeneinander bewegter Scheiben. D. R. P. Nr. 203997. 25. 9. 1907.

Mayer, E., Zur Theorie der Lichtbogenschwingungen. Zeitschr. f. techn. Phys. 2. 1921. S. 18, 40, 73, 94.

Monasch, B., Verfahren zur Erzeugung von ungedämpften Schwingungen. Anordnung eines Lichtbogens in der „kritischen Zone". D. R. P. Nr. 193328. 28. 10. 1906.

Osnos, M., Erzeugung von Hochfrequenzströmen durch den Lichtbogen und Kathodenröhren. Elektr. u. Maschinenbau 37. 1919. S. 557.

Pedersen, P. O., Generator für hochfrequente Ströme. Mehrere parallel geschaltete Kathoden mit einem, einen Wechselstrom variierenden Unterbrecher. D. R. P. Nr. 296815. 22. 11. 1913.

— Generator für hochfrequente Ströme. Österr. Pat. Nr. 72711. 22. 11. 1913.

— Sender für drahtlose Telegraphie. Anordnung des Tasters in der Antenne derart, daß der Lichtbogengenerator normal brennen kann. D. R. P. Nr. 195029. 8. 12. 1906.

— The Poulsen Arc and its Theory. Proc. Inst. Rad. Eng. 5 (4). 1917. S. 255.

— Supplementary Note. Proc. Inst. Rad. Eng. 7. 1919. S. 293 und Jahrb. 18. 1921. S. 51.

Pession, G., The Poulsen System of Radio-Telegraphy. Electrician 84 (15). 1920. S. 393.

Peuckert, W., Neue Wirkungen des Gleichstromlichtbogens. Angaben über Versuche mit dem pfeifenden Lichtbogen. Zahlenwerte ETZ. 22. 1901. S. 467.

Poulsen, V., Ein Verfahren zur Erzeugung ungedämpfter elektrischer Schwingungen und seine Anwendung in der drahtlosen Telegraphie. Vortrag gehalten in der Festsitzung des Elektrotechn. Vereins am 23. X. 1906. In diesem Vortrag entrollt Poulsen in Europa zum erstenmal ein Bild der Schwingungserzeugungsmöglichkeit mittels des Lichtbogengenerators zur Erzeugung ungedämpfter Schwingungen und deren Anwendung für drahtlose Telegraphie. ETZ. 27. 1906. S. 1040, 1075.

— Einrichtung zur Erzeugung von variierenden Strömen oder Wechselströmen hoher Frequenz. Poulsen-Lichtbogengenerator. Patent betr. Wasserstoffatmosphäre und magnetisches Feld. D. R. P. Nr. 162954. 12. 7. 1903.

— Anordnung zur Zeichengebung bei drahtloser Telegraphie. Zeichengebung durch Intensitätsänderung infolge Elektrodenbewegung. R. R. P. Nr. 191094. 13. 3. 1906.

Rausch v. Traubenberg, H., Über die Verwendung des Poulsen-Lichtbogens als Gleichstrom-Hochfrequenzumformer für große Energien. Jahrb. 1. 1907/08. S. 307.

Rein, H., Vorrichtung zur Erzeugung ungedämpfter elektrischer Schwingungen, insbesondere für die Zwecke einer drahtlosen Telegraphie und Telephonie. Lichtbogengenerator mit durch ein axial angeordnetes Magnetfeld gedrehtem Lichtbogen. D. R. P. Nr. 199489. 19. 12. 1906.

— Soll man die radiotelegraphischen Großstationen mit gedämpften oder ungedämpften Schwingungen betreiben? Jahrb. 10. 1915. S. 216.

Righi, A., Sui fenomeni acustici dei condensatori. Memoria letta alla R. Accademia delle Science dell Instituto di Bologna nella Sessione den 25. Maggio 1902. Bologna 8.

Ruhmer, E., Vorrichtung um die Länge eines elektrischen Lichtbogens dauernd konstant zu halten. Lichtbogen zwischen draht- und rohrförmigen Elektroden, welche in Form endloser Bänder hergestellt werden. D. R. P. Nr. 191834. 1. 1. 1907.

— Verfahren zur Erzeugung elektrischer Schwingungen mittels Lichtbogens. Gewaltsame Verengerungen eines Lichtbogens (eingeschnürter Lichtbogen). D. R. P. Nr. 196325. 12. 1. 1907.

— Flammenbogenunterbrecher. Lichtbogengenerator mit starkem transversalem Magnetfeld. D. R. P. Nr. 196504. 23. 9. 1904.

— Verfahren zur Erzeugung von hochfrequenten Wechselströmen unter Benutzung eines Lichtbogens. Parallelschaltung von Hilfsschwingungskreisen zum Hauptkreis, wobei die Frequenzen der letzteren im Verhältnis 1:1, 1:3, 1:5 stehen. D. R.P. Nr. 207938. 11. 6. 1907.

— Schwungradschwingungskreis für Lichtbogenerreger. Zum Lichtbogengenerator parallel geschalteter Nebenschwingungskreis, welcher auf den Hauptschwingungskreis abgestimmt ist. D. R. P. Nr. 225459. 12. 12. 1908.

Rukop, H. und Zenneck, J., Der Lichtbogengenerator mit Wechselstrombetrieb. Jahrb. 9. 1914/15. S. 174.

Schapira, C., Die Hochfrequenzlampe mit unterteiltem Lichtbogen. Jahrb. 2. 1908/09. S. 54.

Scheller, O. und The Amalgamated Radio Telegraph Co., Schaltungsanordnung zur Erzeugung kontinuierlich variierende Ströme oder Wechselströme hoher Frequenz. Schwungradschaltung. D. R. P. 212268. 6. 10. 1907.

Scheller, O., Die modernen Sender ungedämpfter Schwingungen in der drahtlosen Telegraphie. Bemerkungen zu dem Aufsatz von G. v. Arco. Jahrb. 14. 1919. S. 568.

Simon, H. Th. und Reich, M., Verfahren zur Erzeugung elektrischer Schwingungen
für Zwecke der drahtlosen Telegraphie und Telephonie. Zu einem Lichtbogen
parallel geschalteter Schwingungskreis. D. R. P. 153792. Nr. 18. 1. 1903.
Simon, H. Th., Über ungedämpfte elektrische Schwingungen. Theorie der Lichtbogen-
schwingungen von Simon. Literaturhinweise. Jahrb. 1. 1907. S. 16.
Sommerfeld, A., Zur Theorie der Lichtbogenschwingungen bei Wechselstrombetrieb.
Jahrb. 10. 1915. S. 201 und Sitzungsber. d. Kgl. Bayr. Akad. d. Wiss. 1914,
math-.phys. Klasse.
Steinacker, A. und Plisnier, A., Sender für drahtlose Telegraphie und Telephonie
mittels schneller elektrischer Schwingungen. Rückkoppelungsanordnung. D. R. P.
Nr. 212344. 6. 11. 1908.
Telefunkenzeitung 3 (15). 1919. S. 35, Berlin-Königswusterhausen, die Großstation
der deutschen Heeresverwaltung.
- - 4. (20). 1920. S. 16, Hochfrequenzmaschine oder Bogenlampe.
Vollmer, K., Über die Schwankungen der Frequenz und Intensität der Lichtbogenschwingungen. Jahrb. 3. 1909/10. S. 117, 214.
Wagner, K. W., Über die Erzeugung von Wechselstrom durch einen Gleichstromlicht-
bogen. Übersichtliche mathematisch-physikalische Darstellung der Schwingungs-
vorgänge. ETZ. 30. 1909. S. 602, 627.
Wertheim-Salomonson, J., Lichtbogen der Schwingungserzeugung. Verst. K. Akad.
van Wet. 381. 1902/03. Beiblätter zu Wiedemanns Annalen. 1903. S. 588. 792.
Electricia 52. 1903. S. 126. Beiblätter zu Wiedem. Ann. 1904. S. 734.
Wireless World 7 (73). 1919. S. 8, The Poulsen Wireless System. (Its Origin and
Development).
Zenneck, J., Die Entstehung der Schwingungen bei der Lichtbogenmethode. Jahrb. 9.
1914/15. S. 169.

IIc. Maschinelle Erzeugung von Hochfrequenzschwingungen.

α) Hochfrequenzmaschinen.

Alexanderson, E. F. W., Wechselstrommaschine für die Frequenz. 100 000. ETZ. 80.
1908. S. 1003. Zeitschr. f. Instrumentenkunde 30. 1910. S. 164.
— Hochfrequenzapparate für drahtlose Telegraphie und Telephonie. ETZ. 33. 1912.
S. 659.
— Die magnetischen Eigenschaften des Eisens bei Hochfrequenz bis zu 200 000 Per pro
Sek. ETZ. 32. 1911. S. 1078.
Allgemeine Elektrizitätsgesellschaft, Induktionsmaschine für ein- und n-fache
Periodenzahl, bei welcher die Polteilung von Ständer und Läufer sich wie 1 : n und die
Polbreite zur Läuferpolteilung wie 1 : 2 n verhalten. D. R. P. Nr. 273182 12. 4.
— — Hochfrequenzmaschine vom Induktortyp. D. R. P. Nr. 299 822. 23. 6. 1916.
Arco, Graf G. v., Die modernen Sender ungedämpfter Schwingungen in der drahtlosen
Telegraphie. Jahrb. f. drahtl. Telegraphie und Telephonie 14. 1919. S. 558.
— Die drahtlose Großstation Nauen. ETZ. 40. 1919. S. 665.
— Festschrift zur Einweihung der Großfunkenstelle Nauen. Die verschiedenen Hoch-
frequenzmaschinen für ungedämpfte Sender von Großstationen. S. 63.
— Drahtlose Telegraphie. Jahrb. 7. 1913. S. 105.
— Moderner Schnellempfang und Schnellsenden. Dieser Vortrag schildert die allgemeinen
für den Schnellverkehr z. Zt. maßgebenden Gesichtspunkte, insbesondere mit
Rücksicht auf Telefunken. Jahrb. 19. 1922. S. 388.
Balsillie, J. G., Stromerzeuger für hohe Wechselzahl. Unterteilung der Ankersektionen
durch Kondensatoren. D. R. P. Nr. 218 135. 9. 5. 1909.
Bouthillon, L., Konstruktionsprinzip einer neuen, für Hochfrequenz geeigneten Gene-
ratortype. Jahrb. 8. 1914. S. 34.
Diesselhorst, H., Die Fortschritte der drahtlosen Telegraphie. ETZ. 35. 1914. S. 561.
Jahrb. 10. 1915. S. 17.
Dornig, W., Die drahtlose Großstation Nauen II. Der Hochfrequenzmaschinensender.
Ausführliche Beschreibung des Nauener Maschinensenders, nebst dessen Durch-
rechnung, Diskussion der Energieverhältnisse, Tastanordnung, Widerstandsver-
hältnisse usw. ETZ. 40. 1919. S. 665. 687.
— Hochfrequenzmaschinen. ETZ. 41. 1920. S. 420.
— Der Hochfrequenzmaschinensender (400 MK) Nauen. Telefunkenztg. 3. 1919. S. 365.
— Konstanthaltung der Umdrehungszahl von Elektromotoren zum Antrieb von Hoch-
frequenzmaschinen. ETZ. 42. 1921. S. 7.

Dreifuß, L., Die analytische Theorie des statischen Frequenzverdopplers im Leerlauf.
Jahrb. f. drahtl. Telegraphie und Telephonie **10**. 1915. S. 244 und Arch. f. Elektrotechnik **2**. 1914. S. 343.
— Die Einweihung der Großfunkstation Nauen. ETZ. **41**. 1920. S. 919.
— Frequenzwandler für drahtlose Telegraphie. Ref. von Electrician **75**. 1916. S. 461.
ETZ. **37**. 1916. S. 405.
— Die analytische Theorie des statischen Frequenzverdopplers bei Leerlauf. Jahrb. **10**.
1915. S. 244.
Eales, H., Elektrostatische Maschine zur Erzeugung von Wechselströmen hoher Frequenz
von W. Petersen. Jahrb. **7**. 1913. S. 357.
— Einrichtungen der Gesellschaft für drahtlose Telegraphie. Jahrb. **9**. 1915. S. 483.
Jahrb. **10**. 1915. S. 95.
Eichhorn, E., Über Hochfrequenzmaschinen. Jahrb. **6**. 1913. S. 370.
Faßbender, H., Die magnetische Leitfähigkeit im Hochfrequenzmaschinenbau. Arch.
f. Elektrotechnik. **4**. 1915. S. 140.
— und Hupka, E., Magnetische Untersuchungen im Hochfrequenzkreis. Verh. d. D.
phys. Ges. **14**. 1912. S. 408. Gekürzte Darstellung Jahrb. **6**. 1912. S. 133, ferner auch
Phys. Zeitschr. **14**. 1913. S. 1042.
— Die magnetische Leitfähigkeit im Hochfrequenzmaschinenbau. Arch. f. Elektrotechnik **4**. 1915. S. 140.
Fessenden, R. A., Verfahren zum Telegraphieren mittels elektro-magnetischer Wellen.
Antenne mit Hochfrequenzmaschine. D. R. P. Nr. 143 386. 13. 8. 1902.
— Wechselstrommaschine zur Erzeugung elektrischer Schwingungen hoher Frequenz.
Hochfrequenzmaschine nach dem Induktortyp mit unsymmetrisch gestaltetem
Anker. D. R. P. Nr. 216 491. 11. 9. 1908.
Gesellschaft für drahtlose Telegraphie, Einrichtung zum Verringern des Einflusses
der Tourenschwankung bei Hochfrequenzmaschinen unter gleichzeitiger Beseitigung
störender Töne. Widerstandsvergrößerung im Luftdraht oder in einem der Periodenverdoppelungskreise zwecks Verbreiterung der Resonanzkurve. D. R. P. Nr. 284 603
22. 8. 1913.
— — Hochfrequenzmaschine. Parallelschaltung der in gleiche Teile eingeteilten Statorwicklung und Zwischenschaltung von Kondensatoren zwecks Verringerung der Ausgleichsströme und der resultierenden Spannung. D. R. P. Nr. 297661. 29. 11. 1913.
Girardeau, E., Hochfrequenzwechselstrommaschine für drahtlose Telegraphie und Telephonie. Polschnitt der Rotor- oder Statornuten, welche ein gerades Vielfaches der
normalen Wicklungen beträgt. D. R. P. Nr. 240 798. 9. 5. 1911.
Girardeau, E., und Bethenod, J., Verfahren zur unmittelbaren Speisung von funkentelegraphischen Antennen mittels Mehrphasenstromerzeuger hoher Frequenz.
Phasengleichheit durch Kapazität und Selbstinduktionsregulierung der Stromkreise. D. R. P. Nr. 276 623. 17. 6. 1913.
Glatzel, B., Methoden zur Erzeugung von Hochfrequenzenergie. Helios **19**. 1913. S.
125, 137.
Goldschmidt, R.,[1] Maschinelle Erzeugung von elektrischen Wellen für drahtlose Telegraphie. ETZ. **32**. 1911. S. 54. Jahrb. **4**. 1911. S. 341.
— Schaltungsanordnung für Hochfrequenzmaschinen. Jahrb. **10**. 1916. S. 379.
— Schaltungsordnung für Hochfrequenzmaschinen. Jahrb. **11**. 1916. S. 374.
— Verfahren zur Verminderung der Beanspruchung der Isolation von Hochfrequenzmaschinen. Jahrb. **10**. 1916. S. 187.
— Verfahren und Schaltungsanordnung zur Erzeugung von Hochfrequenzströmen, insbesondere für die drahtlose Telegraphie. Prinzip der Reflexionsmaschine mit abgestimmten Resonanzkreisen. D. R. P. Nr. 208 260. 5. 9. 1917. Zusatz D. R. P.
Nr. 208 551. 3. 4. 1908. Verfahren und Anordnung zur Erzeugung von Hochfrequenzströmen. Zusatz D. R. P. Nr. 208 552. 4. 6. 1908. Verfahren zur Erzeugung von
Hochfrequenzströmen.
— Verfahren zur Erzeugung von Hochfrequenzströmen. Änderung der Reduktanz des
magnetischen Pfades zur Erzeugung von Hochfrequenzströmen. D. R. P. Nr.
235 869. 30. 10. 1908.
— Verfahren zur Verbesserung der drahtlosen Telegraphie mit Ton und der drahtlosen
Telephonie unter Verwendung von Hochfrequenzgeneratoren als Energiequelle.
Im Rhythmus des Tons sich verändernder Wellenzug mit Überlagerung eines

---

[1] Die Veröffentlichungen von R. Goldschmidt sind lediglich der Vollständigkeit
wegen aufgenommen, obwohl die sie betreffenden Anordnungen heute nur noch historischen
Wert besitzen.

gleichperiodigen und gleichphasigen Zuges ungedämpfter Wellen, um mittels Hochfrequenzmaschine auf der Senderstelle einen Ton zu erzeugen. D. R. P. Nr. 253 232. 9. 11. 1911.

Goldschmidt, R., Verfahren zur Vermeidung der Überbrückung von isolierenden Zwischenlagen durch den Stanzgrat von Blechkörpern elektrischer Maschinen. D. R. P. Nr. 279591. 29. 9. 1913.

— Verfahren zur Verminderung kapazitiver Ausgleichströme bei elektrischen Maschinen. Unterteilung der Wicklung in mehrere Teile und Zusammenschaltung mit Drosselspulen und Kondensatoren. D. R. P. Nr. 282 276. 7. 9. 1913.

— Verfahren zur Verbesserung von Senden und Empfang in der drahtlosen Telegraphie. Trillerton. D. R. P. Nr. 288 058. 27. 3. 1914. und Zusatz D. R. P. Nr. 288 691. 13. 5. 1914.

Goldshmith, A. N., Drahtlose Frequenzwandler. Die Arbeit von Goldshmith behandelt das Thema in ähnlicher Weise, wie dies F. Kock (1913) getan hat, jedoch sind in der Goldshmithschen Arbeit noch einige andere Hochfrequenzverfahren aufgenommen, wie z. B. die elektrostatische Maschine von Petersen, der Wechselstromlichtbogen von Zenneck und Rukop usw. Electrician 1915. S. 461 u. 508.

Guy, G., Wechselstrommaschine für Ein- und Mehrphasenstrom mit gezahntem Eisenanker ohne Wicklung. D. R. P. Nr. 143 630. 12. 9. 1901.

Heyland, A., Verfahren und Einrichtung zur Erzeugung von Hochfrequenzströmen. Jahrb. 7. 1913. S. 335. D. R. P. Nr. 261 030.

Hogan, J. L., The Goldschmidt transatlantic radiostation Tuckerton. Abbildung des 100 KW-Generators. Schaltung für Maschine und Tonrad. Electr. World 64. 1914. S. 853.

Kock, F., Die Methoden zur Frequenzvervielfachung und ihre Anwendbarkeit zu Erzeugung hoher Frequenzen. Diese im wesentlichen theoretisch gehaltene Arbeit gibt eine ausführliche Zusammenstellung der Hochfrequenzmaschinen von Arnold, Korda, Cohen und Goldschmidt, sowie der statischen Frequenztransformatoren von Joly, Vallaury und der theoretischen und elektrolytischen Frequenzverdoppler. Ferner sind einige allgemein gehaltene wichtige Bemerkungen über das Verhalten des Eisens bei hoher Frequenz in der Arbeit enthalten. Helios 1913. 19. 49, 71.

Kollatz, C. W., Die Großstationen der drahtlosen Telegraphie im Weltverkehr. Telegr.- u. Fernspr.-Techn. 8 (2). 1919.

Korda, D., Die Mehrphasenkonsonanz (Zur Theorie der statischen Frequenzwandler). ETZ. 39. 1918. S. 486.

Kühn, L., Theorie, Berechnung und Konstruktion eisengeschlossener Transformatoren für ungedämpften Hochfrequenzstrom. Jahrb. 11. 1916. S. 133.

— Die Goldschmidtsche Hochfrequenzmaschine in der Selbsterregungsschaltung. Jahrb. 9. 1914. S. 321.

Lehmann, Th., Günstige Wahl der Gleichstrom- und Wechselstromerzeugung beim Frequenzverdoppler. ETZ. 38. 1917. S. 570, ETZ. 39. 1918. S. 110.

Lodge, O., Über die Goldschmidtsche Hochfrequenzmaschine und über die Fortpflanzung von Wellen durch die Atmosphäre in der drahtlosen Telegraphie. Jahrb. 7. 1913. S. 321. (S. 514).

Lorenz, A. G., Sendeeinrichtung für drahtlose Nachrichtenübermittlung. Zwei statische Frequenztransformatoren, welche als Träger einer besonderen Wicklung dienen. D. R. P. Nr. 269 344. 19. 6. 1912.

Macků, B., Über die Erhaltung konstanter Tourenzahl einer Maschine. Jahrb. 8. 1914. S. 485.

Maiche, L., Hochfrequenztransformator für die drahtlose Telegraphie bzw. Telephonie. Zusammenkleben mehrerer sehr dünner Bleche für die Herstellung von Hochfrequenzmaschinen. D. R. P. Nr. 209 864. 21. 9. 1907.

Mayer, E., The Goldschmidt system of Radio-Telegraphy. Proc. Inst. Rad. Eng. 2. 1914. S. 69.

Meißner, A., Radiogroßstation Eilvese. (Brief.) ETZ. 40. 1919. S. 429.

— Die Entwicklung der drahtlosen Telegraphie, Großstationen. ETZ. 40. 1919. S. 113.

— und Wagner, K. W., Untersuchung über die Beseitigung von Oberschwingungen bei Maschinensendern. Jahrb. 15. 1920. S. 200 u. 392.

Osnos, M., Hochfrequenzmaschine der Induktortype. Kritische Diskussion und Entwicklung derselben. In dem Aufsatze sind die charakteristischen Eigenschaften der Induktortype und einiger der hierauf basierenden Maschinen besprochen, nämlich die Anordnungen von Cail-Hermer, Guy und Osnos. Eine Würdigung der zahlreichen anderen Induktormaschinen ist in der Arbeit nicht gegeben. Jahrb. 13. 1918. S. 270.

O s n o s, M., Theorie und Wirkungsweise des stationären Frequenzverdopplers, insbesondere für Hochfrequenzströme. ETZ. **38**. 1917. S. 423.
— Hochfrequenzmaschine der Induktortype. Kritische Beleuchtung und Entwicklung derselben. Jahrb. **13**. 1918. S. 270.
— Zur Theorie und Wirkungsweise des stationären Frequenzverdopplers (umgearbeitet nach EFZ. **34**. 1917). Jahrb. **13**. 1918. S. 280.
— Charakteristische Kurven des statischen Frequenzverdopplers. Jahrb. **13**. 1918. S. 299.
— Günstigste Wahl der Gleichstrom- und Wechselstromerregung beim Frequenzverdoppler. ETZ. **39**. 1918. S. 110.
Q u ä c k, E., Neues über die Großstation Nauen. Jahrb. **13**. 1918. S. 333.
P e t e r s e n, W., Elektrostatische Maschine zur Erzeugung von Wechselströmen hoher Frequenz. Kondensatormaschine. D. R. P. Nr. 257 887. 1. 2. 1911.
R u k o p, H. und J. Z e n n e c k, Die Transformation eines Hochfrequenzstromes auf die dreifache Frequenz. Jahrb. **9**. 1914/15. S. 71.
R ü d e n b e r g, R., Verfahren zur Erzeugung oder Verstärkung schneller elektrischer Schwingungen. Benutzung asynchroner Kollektordynamomaschinen zwecks Erzielung von Hochfrequenzschwingungen. D. R. P. Nr. 179 954. 22. 10. 1905.
— Hochfrequenz-Kollektordynamomaschine. D. R. P. Nr. 192 910. 4. 6. 1907. Zusatz-Patent zu D. R. P. Nr. 179 954.
— Verfahren zum Betriebe von Hochfrequenz-Kollektordynamomaschinen. D. R. P. Nr. 192 910. 4. 6. 1907. Zusatz-Patent zu D. R. P. Nr. 179 954.
R u s c h, F., Die Goldschmidtsche Hochfrequenzmaschine. Mathematische Behandlung der Vorgänge. Jahrb. **4**. 1911. S. 348.
S c h a m e s, L., Über die Abhängigkeit der Permeabilität des Eisens von der Frequenz bei Magnetisierung durch ungedämpfte Schwingungen. Ann. de Phys. **27**. 1908. S. 64. Jahrb. **3**. 1910. S. 343.
S c h e l l e r, O. und L o r e n z, A.-G., Blechkörper für Dynamomaschinen. Endbleche der Blechpakete reichen nicht bis zur Magnetisierungszone. D. R. P. Nr. 296 030 18. 10. 1913.
S c h m i d t, K., Hochfrequenzmaschine der Induktortype. (Erwiderung zu dem Aufsatz von M. Osnos. Jahrb. **13**. 1918. S. 270.) Jahrb. **15**. 1920. S. 154.
— Die Maschinen für drahtlose Telegraphie. Jahrb. **18**. 1921. S. 2.
— Die günstigste Polform bei Hochfrequenzmaschinen. ETZ. **36**. 1915. S. 283. Hierzu Berichtigung S. 149.
S h ö n b e r g, J., Frequenzvervielfachung für elektrische Ströme. ETZ. **39**. 1918. S. 337. Referat über Engineering **105**. 1918. S. 105.
S ö r e n s e n, A. S. M., Radio-Großstation Eilvese-Hannover. Enthält u. a. Abbildung des Rotors der Goldschmidtschen Hochfrequenzmaschine, Gesichtspunkte der Spannungsreduktion in der Maschine sowie für das Parallelarbeiten von Maschinen. ETZ. **40**. 1919. S. 223, 429. Auch als Sonderdruck erschienen.
— Radiogroßstation Eilvese. ETZ. **40**. 1919. S. 233.
T a y l o r, A. M., Statischer Umformer für die gleichzeitige Umformung von Frequenz und Spannung von Wechselströmen. Ann. d. Phys. Beibl. **39**. 1915. S. 82. Referat in Inst. El. Eng. **52**. 1914. S. 700.
T h u r n, H., Die Hochfrequenzmaschinensender (400 MK) Nauen. Telegr.- u. Fernspr.-Techn. 8. (9). 1919. S. 140.
T o w n s e n d, R., Frequency Changers. Electrician **78**. 1917. S. 576.
V o ß n a c k, E., Wechselstrommaschine für hochfrequente Wechselströme. Durch Kondensatoren unterteilte Wicklung. D. R. P. Nr. 184 385. 29. 11. 1905.
W i e n, M., Schwierigkeiten beim Senden und Empfang ungedämpfter Wellen. Jahrb. f. drahtl. Telegraphie und Telephonie **14**. 1919. S. 446.
W i n d h a u s e n, F., Verfahren zur Verminderung der Arbeitsverluste schnell umlaufender Schwungräder. Einbettung von rasch umlaufenden Maschinen in einer wasserstoffhaltigen Atmosphäre. D. R. P. Nr. 171064. 14. 11. 1905.
Z e n n e c k, J., Zur Theorie der magnetischen Frequenzwandler. Jahrb. **17**. 1921. S. 2.
— und H. R u k o p, Die Transformation eines Hochfrequenzstromes auf die dreifache Frequenz. Jahrb. **9**. 1914. S. 71 und Phys. Zeitschr. **15**. 1914. S. 145.

β) Statische Hochfrequenztransformatoren.

A k t i e n g e s e l l s c h a f t Brown, Boveri & Cie., Verfahren zur Frequenzvermehrung von Wechselströmen. Benutzung von Gleichrichtern. D. R. P. Nr. 276 842. 21. 6. 1913.
A l e x a n d e r s o n, E. F. W., Die magnetischen Eigenschaften des Eisens bei Hochfrequenz bis zu 200 000 Per pro Sek. ETZ. **32**. 1911. S. 1078.

Allgemeine Elektrizitäs-Gesellschaft, Frequenzverdoppler für Hochfrequenz, bei
    dem das Verhältnis der primären Wechselstrom- zu den Gleichstromampere-
    windungen angenähert gleich 2 ist. D. R. P. Nr. 283 255. 16. 7: 1912.
Arco, Graf G. von, Drahtlose Telegraphie. Hinweis auf Verwendung von Frequenz-
    wandlern bei der Anordnung von Telefunken. Jahrb. **7**. 1912. S. 106.
Diesselhorst, H., Die Fortschritte der drahtlosen Telegraphie. ETZ. **35**. 1914. S. 562.
    Jahrb. **10**. 1915. S. 18.
Dornig, W., Interessante Tastschaltungen. Tastanordnungen für maschinelle Hoch-
    frequenzerzeugung, bei denen auf künstliche Antenne gearbeitet wird und auch
    neue Schaltungen zum Vollast-Leerlauftasten. ETZ. **26**. 1920. S. 367.
Dreifuß, L., Die analytische Theorie des statischen Frequenzverdopplers. Arch. f. Elektr.
    2. 1914. S. 343. Jahrb. **10**. 1916. S. 244.
Eales, H., Patentschau, behandelt Frequenztransformatoren von Joly, Telefunken.
    Jahrb. **10**. 1915. S. 389.
Elektrizitäts-Aktien-Gesellschaft, vorm. W. Lahmeyer & Co., Verfahren zur
    Umwandlung eines ein- oder mehrphasigen Wechselstroms in einen solchen von
    doppelter Periodenzahl. D. R. P. Nr. 139193. 24. 7. 1902.
— — Transformator mit Sekundärwicklungen auf verschiedenen Schenkeln. D. R. P.
    Nr. 149 761. 26. 8. 1902.
Faßbender, H., Die magnetische Leitfähigkeit im Hochfrequenzmaschinenbau. Arch.
    f. Elektrotechn. **4**. 1915. S. 140.
— und E. Hupka, Magnetische Untersuchungen im Hochfrequenzkreis. Verh. d.
    Deutsch. Ges. Phys. **14**. 1912. S. 408. Gekürzte Darstellung. Jahrb. **6**. 1912. S. 133,
    ferner auch Phys. Zeitschr. **14**. 1913. S. 1042.
Gesellschaft für drahtlose Telegraphie, Verfahren und Einrichtung zum Abstimmen
    von Hochfrequenzkreisen, deren Frequenz vermittels dynamischer oder statischer
    Frequenzsteigerungseinrichtungen erhöht werden soll, bzw. solcher Kreise, die
    selbst zur Frequenzsteigerung dienen. D. R. P. Nr. 276 854. 27. 6. 1913.
— — Verfahren zum Abstimmen, zum Tasten und zum Erzeugen von Tonfrequenzen
    bei der Erzeugung von Hochfrequenzströmen in statischen Transformatoren mit
    Hilfsmagnetisierung. D. R. P. 286 172. 21. 6. 1912 und Zusatz D. R. P. Nr. 287012.
    3. 6. 1913, sowie Zusatz D. R. P. Nr. 288 050. 23. 2. 1913.
— — Verfahren zur Frequenzsteigerung. D. R. P. Nr. 286 531. 21. 6. 1912.
Glatzel, B., Methoden zur Erzeugung von Hochfrequenzenergie. Helios **19**. 1913. S. 130.
Goldsmith, A. N., Drahtlose Frequenzwandler. Electrician 1915. S. 461 und 508.
Goldschmidt, R., Verfahren zur Frequenzverdoppelung durch die Wechselwirkung von
    längs- und quermagnetisierenden Kraftlinienflüssen. Querkraftlinienfluß und Längs-
    kraftlinienfluß sollen sich mehr als einmal durchkreuzen. D. R. P. Nr. 282 385.
    9. 2. 1913.
Joly, M., Transformateurs statiques de fréquence. Lumière électrique **14**. 1911. S. 195.
Joly, M. H. L., L. E. Joly und P. E. Joly, Transformatorenanordnung zur Erzeugung
    einer unpaarigen vielfachen, insbesondere einer dreifachen Frequenz aus einer ge-
    gebenen Frequenz. Maschinelle Anordnung zur Erzeugung hochfrequenter Schwin-
    gungen mittels ruhender Transformatoren. D. R. P. Nr. 264 250. 14. 4. 1911.
Kock, F., Die Methoden zur Frequenzvervielfachung und ihre Anwendbarkeit zur Er-
    zeugung hoher Frequenzen.
— Die Methoden zur Frequenzvervielfachung und ihre Anwendbarkeit zur Erzeugung
    hoher Frequenzen. (Siehe oben II c α). Enthält auch ein Literaturverzeichnis.
    Helios 1913. S. 19, 49, 71.
Kühn, L., Theorie, Berechnung und Konstruktion eisengeschlossener Transformatoren
    für ungedämpften Wechselstrom. Zahlenbeispiele, insbesondere für gegebene An-
    tennenverhältnisse. Helios **21**. 1915. S. 469, 477, 488, 501.
Lorenz, A.-G., Verfahren zur Frequenzumwandlung durch ruhende Transformatoren mit
    Eisenkern und Hilfssättigung durch Gleichstrom. Wahl der Hilfssättigung derart,
    daß die Maximalweite der magnetischen Wechselinduktion sich verhalten wie 1 : 1,8.
    D. R. P. Nr. 275 448. 12. 12. 1912.
Osnos, M., Beitrag zur Theorie der Wirkungsweise des stationären Frequenzverdopplers.
    Jahrb. **13**. 1919. S. 280; siehe auch ETZ. 1917. Heft 34. S. 423.
Rukop, H., und J. Zenneck, Die Transformation eines Hochfrequenzstromes auf die
    dreifache Frequenz. Jahrb. **9**. 1914/15. S. 71.
Schames, L., Über die Abhängigkeit der Permeabilität des Eisens von der Frequenz bei
    Magnetisierung durch ungedämpfte Schwingungen. Ann. de Phys. **27**. 1908. S. 64.
    Jahrb. **3**. 1910. S. 343.

Spinelli, F., Vorrichtung zur statischen Transformierung dreiphasiger Wechselströme
in einphasige Wechselströme mit dreifacher Frequenz. Benutzung stark gesättigter
Eisenkerne der drei einzelnen Transformatoren. D. R. P. Nr. 280 417. 12. 4. 1913.
Taylor, A. M., Electrician 73. 1914. S. 170.
Vallauri, G., Statische Frequenzverdoppler. ETZ. 32. 1911. S. 988.
— A static frequency duplicator. Electrician 68. 1912.
Zenneck, J., Die Transformation der Frequenz. Erklärung der Wirkungsweise der
Frequenzwandler mit vielen, mittels Braunscher Röhre aufgenommenen Oszillo-
grammen. Jahrb. 7. 1913. S. 412.

γ) Magnetische Eigenschaften des Eisens bei Hochfrequenz.

Alexanderson, E. F. W., Die magnetischen Eigenschaften des Eisens bei Hochfrequenz
bis zu 200 000 Per pro Sek. ETZ. 32. 1911. S. 1078.
Boas, H., Verfahren zur Transformation oder Frequenzerhöhung elektrischer Wechsel-
ströme höherer Frequenz von mehr als 1000 in der Sekunde. Verwendung erhitzten
Eisens. D. P. R. Nr. 268 161. 11. 8. 1912.
Faßbender, H. und E. Hupka, Magnetische Untersuchungen im Hochfrequenzkreis.
Verh. d. Deutsch. Phys. Ges. 14. 1912. S. 408. Gekürzte Darstellung Jahrb. 6. 1912.
S. 133; ferner auch: Phys. Zeitschr. 14. 1913. S. 1042.
— Die magnetische Leitfähigkeit im Hochfrequenzmaschinenbau. Arch. f. Elektrotechn.
4. 140. 1915.
Rukop, H. und J. Zenneck, Die Transformation eines Hochfrequenzstromes auf die
dreifache Frequenz. Jahrb. 9. 1914/15. S. 71.
Schames, L., Über die Abhängigkeit der Permeabilität des Eisens von der Frequenz
bei Magnetisierung durch ungedämpfte Schwingungen. Annalen d. Phys. 27. 1908.
S. 64. Jahrb. 3. 1910. S. 343.

III. Schnellsenderanordnungen.

Cusins, A. G. T., Drahtlose Schnelltelegraphie. Die Arbeit schildert im wesentlichen
die bei dem Royal Signal Corps während und nach dem Kriege getroffenen Schnell-
verkehrseinrichtungen. Unter Benutzung des Wheatstonesenders und des Creed-
druckers auf der Empfangsseite wurden Wortgeschwindigkeiten von ca. 100 pro
Minute bewältigt. Von besonderem Interesse ist die Schaffung des „Schwingrelais"
(„Trigger-Relais") und eines Schnellunterbrechers („Löschers"). Journ. of the
Institution of Electrical Engineers 60. 1922. S. 245.
Dornig, W., Die drahtlose Großstation Nauen II. Der Hochfrequenzmaschinensender.
Ausführliche Beschreibung des Nauener Maschinensenders, nebst dessen Durch-
rechnung, Diskussion der Energieverhältnisse, Tastanordnung, Widerstandsver-
hältnisse usw. ETZ. 41. 1919. S. 665, 687.
Ehrhardt, E., Der automatische Typendruck-Schnelltelegraph von Siemens & Halske
A.-G. Eingehende technische Beschreibung des Apparates, seiner Entstehung,
Schaltung und Anwendung. Telegraphen- und Fernsprechtechnik. 1913. Heft 12,
13 und 14.
Kraatz, A., Maschinen-Telegraphen. Telegraphen- und Fernsprechtechnik in Einzel-
darstellungen. F. Vieweg & Sohn, Braunschweig 1906.
Nesper, E., Handbuch der drahtlosen Telegraphie und Telephonie. Julius Springer,
Berlin 1921. 1 und 2.
Ruhmer, E., Neuere elektro-physikalische Erscheinungen. Teil I. Fortschritte auf dem
Gebiet der Telegraphie und Telephonie. Das Buch enthält eine Darstellung der
wichtigsten Schnelltelegraphenapparate, der Mehrfachtelegraphen- und Kabel-
telegraphenapparate, der Ferndrucker, Telautographen, Kopiertelegraphen usw.
Aber obwohl stellenweise reine Versuchsapparate besprochen sind, fehlt merkwür-
digerweise eine Darstellung des Hughes Typendruckers, der auf der ganzen Erde
eingeführt ist. Im übrigen ist zu beachten, daß die Darstellung den Stand von 1907
wiedergibt. — Verlag der Administration des „Mechanikers". Berlin 1907.
Siemens & Halske A.-G., Der Siemens-Schnelltelegraph. Druckschrift 189.
Verch, H., Schnelltelegraphie auf Großstationen. Beschreibung von Telefunken der
ausgebildeten Schnellsender und Empfangsapparate. Telefunkenzeitung, März
1921. S. 117.

IV. Schnellempfängeranordnungen. Störbefreiung. Atmosphärische Störungen.

Abraham, H., Benutzung eines Mikrogalvanometers mit kontinuierlicher photographischer Aufzeichnung. Soc. Int. Electr. Bullet. 3. Series, 3. 1913. S. 649.

Arco, Graf G. v., Moderner Schnellempfang und Schnellsenden. Dieser Vortrag schildert die allgemeinen, für den Schnellverkehr z. Zt. maßgebenden Gesichtspunkte, insbesondere mit Rücksicht auf Telefunken. Jahrb. 19. 1922. S. 388.

Austin, L. W., Das Verhältnis zwischen den atmosphärischen Störungen und der Wellenlänge bei drahtlosem Empfang. Jahrb. 17. 1921. S. 402.

— Die Verringerung der atmosphärischen Störungen bei drahtlosem Empfang. Die Arbeit beschreibt die im Kriege von Weagant, Austin und Taylor geschaffenen Störbefreiungsanordnungen mit gerichteter und Spulenantenne sowie eine besondere Einrichtung (das Otter-Cliff-System). Jahrb. 17. 1921. S. 410.

— Unterschied in der Stärke der radiotelegraphischen Zeichen bei Tag und bei Nacht. Jahrb. 8. 1914. S. 381.

— Quantitative Versuche bei radiotelegraphischer Übertragung. Jahrb. 8. 1914. S. 575 u. Journ. Wash. Ac. Sc. Nr. 20. 1914. S. 570.

— Die Änderung der Stärke radiotelegraphischer Signale mit der Jahreszeit. Jahrb. 12. 1917. S. 68. Ref. Proc. Inst. Rad. Eng. 3. 1915. S. 103.

— Die Messung radiotelegraphischer Signale mit dem schwingenden Audion. Jahrb. 12. 1917. S. 296.

— Quantitative Versuche mit dem Audion. Die quantitativen Messungen werden mit dem schwingenden Audion ausgeführt. Jahrb. 12. 1917. S. 284. Ref. über Journ. Wash. Ac. Sc. 6. 1915. S. 81.

— Quantitative Messungen über die Stärke der von den deutschen Funkstationen in Nauen und Eilvese ausgehenden Signale zu Washington. Jahrb. 12. 1917. S. 185 und Electrician 78. 1917. 465.

— Notes on the Audion. Electrician 80. 1918. S. 773.

— Das Verhältnis zwischen den atmosphärischen Störungen und der Wellenlänge bei drahtlosem Empfang. Jahrb. 17. 1921. S. 402.

— Die Verringerung der atmosphärischen Störungen bei drahtlosem Empfang. Jahrb. 17. 1921. S. 410.

— Der Wellenfrontwinkel in der drahtlosen Telegraphie. Jahrb. 18. 1921. S. 45 nach Journ. Wash. Ac. Sc. 11. 1921. Nr. 5.

— Ein mit Kristallkontakt arbeitender Störungsverhinderer für den Empfang in der drahtlosen Telegraphie. Jahrb. 8. 1914. S. 481.

Banneitz, F., Über Betriebsversuche und Erfahrungen mit drahtloser Schnelltelegraphie. Mitteilung aus dem Funkbetriebsamt (jetzt Telegraphentechnisches Reichsamt), Berlin. Telegraphen- und Fernsprechtechnik. 1920. S. 90ff. Selbstreferat in ETZ. 1921. S. 714. 1278 (Brief).

Barker, R,. Recording Radio Signals. Electrician 72. 1914. S. 783. Morseschreiber und Orlingkabel Relais.

Barkhausen, H., Die Ausbreitung der elektromagnetischen Wellen in der drahtlosen Telegraphie. Jahrb. 8. 1914. S. 602 u. ETZ. 35. 1914. S. 448.

Braun, F., Was mißt man mit dem Unipolardetektor und der Parallelohmmethode? Jahrb. 8. 1914. S. 203.

Campbell Swinton, A. A., Recent Improvements in Recording of Signals in Wireless Telegraph. Beschreibung des Kabeltyps des Syphon recorders in Verbindung mit den Brownschen Relais. Electrician 72. 1914. S. 687.

— — Wireless Telegraphic Printing on the Creed Automatic System. Wireless World. 8. 1920. S. 641.

Cohen, L., Drahtlose Zeichengebung auf weite Entfernungen. Jahrb. 12. 1917. S. 171.

Coursey, R. Ph., Some of the Problems of Atmospheric Elimination in Wireless Reception. Rad. Rev. 1. 1920. S. 492.

Cusins, A. G. T., Drahtlose Schnelltelegraphie. Die Arbeit schildert im wesentlichen die bei dem Royal Signal Corps während und nach dem Kriege getroffenen Schnellverkehrseinrichtungen. Journ. of the Institution of Electrical Engineers 60. 1922. S. 245.

Demmler, O., Messungen über die Ausbreitungsgeschwindigkeit elektrischer Wellen an der Erdoberfläche. Jahrb. 12. 1917. S. 38 und Arch. f. Elektrot. 3. 1914. S. 107.

Dosne, P., Aufzeichnung drahtloser Signale mittles des Telegraphons. Comptes. rend. hebdom. des séances de l'acad. des sciences. 158. S. 473—474. Februar 16. 1914.

Eccles, W. H., Brechung in der Atmosphäre bei der drahtlosen Telegraphie. Jahrb. 8. 1914. S. 282.

— Über die täglichen Veränderungen der in der Natur auftretenden elektrischen Wellen und über die Fortpflanzung elektrischer Wellen um die Krümmung der Erde. Jahrb. 8. 1914. S. 253, ferner Proc. Roy. Soc. 87. 1912. S. 79.

— Transmission of Electric Waves round the Bend of the Earth. Nature 93. 1914. S. 321.

Ehrhardt, E., Der automatische Typendruck-Schnelltelegraph von Siemens & Halske A.-G. Eingehende technische Beschreibung des Apparates, seiner Entstehung, Schaltung und Anwendung. Telegraphen- und Fernsprechtechnik. 1913. Heft 12, 13 und 14.

Erskine-Murray, J., Fortbewegung der elektromagnetischen Wellen über die Erde. Telegr.- u. Fernspr.-Techn. 9. 1920. S. 465; Ref. über Rad. Rev. 1. 1920. S. 237.

Fleming, J. A., On Atmosphere Refraction and its Bearing on the Transmission of Electromagnetic Waves round the Earth's Surface. Electrician 74. 1914. S. 152.
— Über die Ursachen der Ionisation der Atmosphäre. Jahrb. 12. 1917. S. 175; Ref. über Electrician 75. 1915. S. 348.

Fuller, L. F., Kontinuierliche Wellen für die drahtlose Telegraphie über große Entfernung. Jahrb. 11. 1916. S. 300, nach Proc. Amer. Inst. El. Eng. 34. 1915. S. 567, ferner Electrician 75. 1915. S. 154.

Gerlach, W., Über eine Methode zur Herabsetzung der atmosphärischen Empfangsstörungen. Jahrb. 16. 1921. S. 337.

Gockel, A., Über die Ursache der Zunahme der Ionisation der Atmosphäre mit der Höhe. Phys. Zeitschr. 19. 1918. S. 114.

Gothe, A., Empfang mit Zwischenfrequenz; Untersuchung der Lautstärke und Abstimmschärfe bei der normalen Hochfrequenzverstärkung, bei dem über das Eingangsgitter rückgekoppelten Hochfrequenzverstärkers und beim Zwischenfrequenzverstärker. Telegraphen- und Fernsprechtechnik, 11. S. 30. 1922.

Groot, C. J. de, Über einige Probleme der Energieübertragung zwischen zwei drahtlosen Stationen. Jahrb. 12. 1917. S. 15.
— Über das Wesen und die Ausschaltung von Störungen. Jahrb. 12. 1917. S. 532; ferner Proc. Inst. Rad. Eng. 5 (2). 1917. S. 75.

Hogan jr., L. J., Die Signalreichweite bei der drahtlosen Telegraphie. Jahrb. 12. 1917. S. 168; Ref. über Electrician 76. 1916. S. 699.

Howe, G. W. O., Wesen und Ausbreitung der elektromagnetischen Wellen bei der drahtlosen Telegraphie. Jahrb. 8. 1914. S. 221; Ref. über Electrician 71. 1913. S. 965.
— Die Wirkung der Ionisierung der Luft auf elektrische Schwingungen und ihre Bedeutung für die drahtlose Telegraphie über große Entfernungen. Jahrb. 8. 1914. S. 236.
— The Upper Atmosphere and Radiotelegraphy. Rad. Rev. 1. 1920. S. 381.

Hoxie, C. A., A Visual and Photographic Device for Recording Dadio Signals. Proceedings of the Institute of Radio Engineers. Dec. 1921.

Kiebitz, F., Neuere Arbeiten auf dem Gebiete der Funkentelegraphie. Schreibempfangsanordnung von Bäumler und Leithäuser. Telegraphen- und Fernsprechtechnik 9. 1920. S. 88.
— The Hall Recorder. Spezialformen von akustischen Relais- und Siphon-Recorder. Science and Invention. New York. Februar 1921.

Kraatz, A., Maschinen-Telegraphen. Telegraphen- und Fernsprechtechnik in Einzeldarstellungen. F. Vieweg & Sohn, Braunschweig 1906.

Löwenstein, F., Der Mechanismus der Strahlung und die Fortpflanzung bei der drahtlosen Übertragung. Jahrb. 12. 1917. S. 156, nach Proc. Inst. Rad. Eng. 4. 1916. S. 271.

Ludewig, P., Der Unterschied in der Reichweite einer Funkenstation bei Tag und bei Nacht. Die Naturwiss. 2. 1914. S. 148.
— Der Einfluß meteorologischer Faktoren auf die drahtlose Telegraphie. Schweiz. Elektrot. Zeitschr. 13. 1916. S. 225, 233, 241, 249, 257, 265, 273, 281.
— Der Einfluß geophysikalischer und meteorologischer Faktoren auf die drahtlose Telegraphie. Jahrb. 12. 1917. S. 122.
— Der Einfluß meteorologischer Faktoren auf die drahtlose Telegraphie. Jahrb. 15. 1919. S. 479.

Macdonald, H. M., Das Fortschreiten elektrischer Wellen über die Erdoberfläche. Jahrb. 12. 1917. S. 45, nach Proc. Roy. Soc. 92. 1916. S. 493.

Marchant, E. W., Die Heaviside-Schicht. Jahrb. 12. 1917. S. 56, nach Proc. Inst. Rad. Eng. 4. 1916. S. 511.

Möller, H. G., Über störungsfreien Gleichstromempfang mit dem Schwingaudion. Jahrb. 17. 1921. S. 256.

Mosler, H., Intensitätsmessungen radiotelegraphischer Zeichen zu verschiedenen Jahres- und Tageszeiten. Jahrb. 8. 1914. S. 360.

Nagaoka, H., Über gewisse Erscheinungen bei der Fortpflanzung elektrischer Wellen auf der Erdoberfläche und die ionisierten Schichten der Atmosphäre. Ann. Phys. Beibl. 39. 1915. S. 523; Ref. über Proc. Math. Phys. Soc. Tokyo 7. 1914. S. 403.

Nagaoka, H., Die Fortpflanzung elektrischer Wellen auf der Oberfläche der Erde und die ionisierte Schicht der Atmosphäre. Jahrb. **12**. 1917. S. 35.
— Wirkung der Sonnenfinsternis auf drahtlose Übertragung. Ann. Phys. Beibl. **39**. 1915. S. 432; Ref. über Proc. Math. Phys. Soc. Tokyo **7**. 1914. S. 428.
Nesper, E., Handbuch der drahtlosen Telegraphie und Telephonie. Julius Springer, Berlin 1921. **1** und **2**.
— Zur Heaviside-Schicht. (Brief an die Redaktion). Jahrb. **12**. 1917. S. 473.
Parodi, H., Die Theorie von Eccles und die drahtlose Telegraphie. Jahrb. **12**. 1917. S. 75, nach La Lum. El. **25**. 1914. S. 449, 491.
Pol jr., B. van der, On the Energy Transmission in Wireless Telegraphy. Jear Book (Marconi) 1918. S. 858.
— On the Propagation of Electromagnetic Waves round the Earth. Phil. Mag. **38**. 1919. S. 365.
Reich, M., Quantitative Messungen der durch elektrische Wellen übertragenen Energie. ETZ. **36**. 1915. S. 207; Phys. Zeitschr. **14**. 1913. S. 934.
Ruhmer, E., Neuere elektro-physikalische Erscheinungen. Teil I. Fortschritte auf dem Gebiet der Telegraphie und Telephonie. Das Buch enthält eine Darstellung der wichtigsten Schnelltelegraphenapparate. Im übrigen ist zu beachten, daß die Darstellung den Stand von 1907 wiedergibt. — Verlag der Administration des „Mechanikers". Berlin 1907.
Salpeter, J., Das Reflexionsvermögen eines ionisierten Gases für elektrische Wellen. Jahrb. **8**. 1914. S. 247.
Schwers, Fr., Die Wirkung von Wasserdampf in der Atmosphäre auf die Fortpflanzung elektromagnetischer Wellen. Jahrb. **12**. 1917. S. 184, nach Sitzungsber. d. Phys. Soc. London vom 26. 1. 1917.
Siemens & Halske A.-G., Der Siemens-Schnelltelegraph. Druckschrift 189.
Sommerfeld, A., Die Überwindung der Erdkrümmung durch die Wellen der drahtlosen Telegraphie. Jahrb. **12**. 1917. S. 2.
— Über die Ausbreitung der Wellen in der drahtlosen Telegraphie. Ann. Phys. Beibl. **62**. 1920. S. 95.
Taylor, A. H., Radiotransmission and Weather. Electrician **73**. 1914. S. 420.
— und Blattermann, A. S., Die zeitliche Änderung der drahtlosen Übertragung bei Nacht. Jahrb. **12**. 1917. S. 72, nach Proc. Inst. Rad. Eng. **4**. 1916. S. 131.
Turpain, A., Graphische Aufzeichnung der Eiffelturm Signale. Revue Electrique. **18**. 1912. S. 211—214.
— Empfang drahtloser Signale in Morseschrift mit Hilfe besonders empfindlicher Relais. Soc. Int. Elect. Bull. **3**. 3rd Series. 1913. S. 299.
Verch, H., Schnelltelegraphie auf Großstationen. Beschreibung der von Telefunken ausgebildeten Schnellsender und Empfangsapparate. Telefunkenzeitung, März 1921. S. 117.
Watson, G. N., The Diffraction of Electric Waves by the Earth. Proc. Roy. Soc. **95**. 1918. S. 83.
— The Transmission of Electric Waves wound the Earth. Proc. Roy. Soc. **95**. 1919. S. 546.
Weinberger, Z., The recording of high speed signals in radio telegraphy. Ausführliche Schilderung der verschiedenen Methoden zur Niederschrift von Signalen, insbesondere des Siphon recorders und des Tintenschreibers von Blakeney, Versuchs- und Betriebsinstallationen. Literaturverzeichnis. Radio Corporation of America. Institute of Radio Engineers f. Dezember 1921. Ausführliches Referat von H. Eales. Jahrb. 1922. S. 30.
Whittemore, E. L., Audiondetektor und Einthoven-Galvanometer für die Intensitätsmessung radiotelegraphischer Zeichen. ETZ. **39**. 1918. S. 367, nach Phys. Rev. **9**. 1918. S. 434.
Wratzke, Die drahtlose Schnelltelegraphenverbindung zwischen Berlin und London. Beschreibung des Röhrensenders und Empfängers. Betriebserfahrungen. Telegraphen- und Fernsprechtechnik. 1921. S. 105ff.
Wulf, T., Benutzung des Faden-Elektrometers in der drahtlosen Telegraphie. Phys. Zeitschr. **15**. 1914. S. 611—616.

V. Spezielle Empfangs- und Verstärkerfragen. Selektion etc.

Austin, L. W., Das Verhältnis zwischen den atmosphärischen Störungen und der Wellenlänge bei drahtlosem Empfang. Jahrb. **17**. 1921. S. 402.
— Die Verringerung der atmosphärischen Störungen bei drahtlosem Empfang. Die Arbeit beschreibt die im Kriege von Weagant, Austin und Taylor geschaffenen

Störbefreiungsanordnungen mit gerichteter und Spulenantenne sowie eine besondere Einrichtung (das Otter-Cliff-System). Jahrb. **17.** 1921. S. 410.

Banneitz, F., Über Betriebsversuche und Erfahrungen mit drahtloser Schnelltelegraphie. Mitteilung aus dem Funkbetriebsamt (jetzt Telegraphentechnisches Reichsamt), Berlin. Telegraphen- und Fernsprechtechnik. 1920. S. 90ff. Selbstreferat in ETZ. 1921. S. 714, 1278 (Brief) (siehe oben).

Cusins, A. G. T., Drahtlose Schnelltelegraphie. Die Arbeit schildert im wesentlichen die bei dem Royal Signal Corps während und nach dem Kriege getroffenen Schnellverkehrseinrichtungen. Journ. of the Institution of Electrical Engineers **60.** 1922. S. 245.

Gothe, A., Empfang mit Zwischenfrequenz. Telegraphen- und Fernsprechtechnik **11.** S. 30. 1922 (siehe oben).

Kiebitz, F., Neuere Arbeiten auf dem Gebiete der Funkentelegraphie. Schreibempfangsanordnung von Bäumler und Leithäuser. Telegraphen- und Fernsprechtechnik **9.** 1920. S. 88.

Nesper, E., Handbuch der drahtlosen Telegraphie und Telephonie. Julius Springer, Berlin 1921. **1** und **2.**

Weinberger, Z., The recording of high speed signals in radio telegraphie. Radio Corporation of America. Institute of Radio Engineers f. Dezember 1921. Ausführliches Referat von H. Eales, Jahrb. **20.** 1922. S. 30.

Sachregister.

Abgeblendete Antenne 50, 51, 57, 92.
Abschirmkäfig um die Empfangsantenne 64.
Alexanderson-Drosselschaltung 28.
Amerikasaal von Transradio 96.
Amplitude im Empfänger 4.
Antennenausführung 5.
Antennenstrom als Funktion der Tourenzahl 22.
Antriebsmotor 4.
Aufschaukelzeit 49.
Aufstauen der Telegramme 2.

Dämmerungslinien 100.
Dämpfungsreduktionsanordnung 44.
Dämpfungsvorrichtung beim Tintenschreiber 81.
Differentialgalvanometer 31.
Druckstreifen des Siemens-Typendruckers 39.
Duplexverkehr 91 ff.

Einfadengalvanometer-Lichtschreiber 73 ff.
Einkapselung des Empfängers 44 ff., 55.
Eisen, magnetische Eigenschaften des Eisens bei Hochfrequenz (Literatur) 113.
Eisenverluste 12.
Empfang und Verstärkung (Literatur) 116.
Empfängerkammer 70.
Empfängerkopplung, induktive bzw. kapazitive 52.
Empfangsenergie, genügende, für Schnelltelegraphie 49.
Empfangsschaltung, kombinierte, für Wellenfrequenz und Wellenzugfrequenz von Weagant 61 ff.

Faradayscher Käfig 55, 64.
Frequenzschwankung 7, 26.
Frequenzvervielfachung 25.

Gegenpol, Empfang im 50.
Geheimhaltung 2, 3.
Geltow, Transradioanlage in 98.
Gleichlaufzeichen 43.
Gleichrichter 8.
Gleichstromrelais, Röhre als 44, 46, 47.

Halbleiter 82.
Hochfrequenzsendequellen (Literatur) 101.
Hochfrequenzverstärker 44, 53.
Hoxieschreiber 73.
Hysteresiskurve (Magnetisierungskurve) 15.

Indikation der Tourenzahl des Antriebsmotors 30.
Indikation der Tourenzahl nach Alexanderson 30.
Indikation der Tourenzahl nach Riegger 30.
Induktormaschine von Fessenden-Alexanderson 11, 13.
Ineinanderfließen der Zeichen 50, 84.
Isolationskästen für Spulen von Esau 70.
Johnsen-Rahbeck-Schreiber der Huth-Gesellschaft 82.

Klinkenschrank 97 ff.
Konstanthaltung der Tourenzahl des Antriebsmotors 30.
Kreuzschaltung 27.
Kristalldetektor 52.

Lichtbogengenerator 23 ff., 50.
Lichtbogensender (Literatur) 105 ff.
Lichtschreiber 7.
Lochstreifen 32 ff.
Luftreibung 13.
Luftspalt 13.

Maschinelle Erzeugung von Hochfrequenzschwingungen (Literatur) 108 ff.
— Hochfrequenzmaschinen 108 ff.
— Statische Hochfrequenztransformatoren 111 ff.
Mehrfachtypendrucker von Baudot, Hughes usw. 88.
Mehrkreisempfang (Aussiebesysteme) 49 ff., 52.

Nachhallen der Zeichen 49.
Nachteile des Phonoschreibers und des Telegraphonschreibers 85.
Negative Welle beim Lichtbogensender 8, 23.
Nullpunktschaltung von R. A. Fessenden 59.

Oberschwingungen 11, 14.
Osnos-Drossel 27, 28.
Otter Cliff-System 60.

Personalfrage 5.
Phasensprungmethode 4, 21, 30 ff.

Phonograph - Schnellschreiber von Tele-
funken 84ff.
Poulsen-Lichtbogengenerator 7, 8.
Pressedienst 7.

Radioschnellverkehrsanlage 91.
Rahmenantenne (Spulenantenne) 44, 61,
66ff., 69.
Rentabilität von Radiostationen 1.
Restenergie 22.
Reststrom 28.
Röhren (Literatur) 101ff.
Röhrensender (Literatur) 101ff.
Rückfragen 3, 5, 89, 91.

Schnellempfänger, prinzipielle Anord-
nungen und Voraussetzungen 44.
Schnellempfängeranordnungen (Literatur)
113.
Schnellgeber für Handbetrieb von Floch 36.
Schnell-Morseschreiber von Siemens &
Halske 72ff.
Schnellsenderanordnungen (Literatur) 113.
Schnelltelegraphen-Gesamtanlage 93ff.
— der Radio Corporation 94.
— des telegraphentechnischen Reichsamtes
93ff.
— von Transradio 95ff.
Schnelltelegraphie im allgemeinen (Litera-
tur) 100ff.
Schreibapparat 6, 7, 45.
Schreibmaschinenlocher 37ff.
Schwebungsempfang 8.
Schwellwert der Empfangslautstärke beim
Telegraphon 87.
Schwingungen, kontinuierliche 3.
Senderlochstreifen 5.
Senderwellenlänge, Konstanthaltung der 4.
Siemens-Schnellschreiber (Typendrucker) 1,
3, 5, 6, 46, 90, 97.
Siemens-Schnellsender 2, 3, 37, 40ff., 97.
— Entwicklung des 37.
—Synchronisierungseinrichtung des 41ff.
Siphon recorder 6.
— — (Kurvenschreiber) von Lodge-
Muirhead 76.
— — Röhrenverstärker-Schreiber von
Swinton u. a. 78.
Stationszahl 3.
Steuersender 10.
Störbefreiung 50ff.
— (Literatur) 113ff.
— durch Beschränkung der Senderenergie
56.
— gegen den eigenen Sender 93.
— durch lose Kopplung und gering ge-
dämpfte Empfänger 56.
Störbefreiung durch Rahmenantenne mit
Verstärkungseinrichtungen 66.
Störbefreiungsschaltung mit Röhrenzwi-
schenkreis von Marconi und Telefun-
ken 63.
Störungen, atmosphärische 3, 5, 45, 98,
113ff.

Störungsherd 69.
Störungsverhinderer von Austin 52.
Störverhinderungsanordnungen von Austin
Weagant, Taylor 60.
Störverminderung durch gerichtete Sender
57.
— subjektive, durch Parallelwiderstand 67.
Störwirkungsverminderung durch zwei ge-
geneinander geschaltete Ventildetektoren
62.
Stößer 33.
Strahlsender 10.
Strahlungsdiagramm der abgeblendeten
Rahmenantenne 93.

Tastrelais bei der maschinellen Hochfrequenzerzeugung nach Telefunken 29.
— beim Lichtbogensender 28.
— beim Röhrensender 29.
Tastschaltungen des Lichtbogengenerators
23.
— Tastung mit Dämpfungsvariation 25.
— — mit Drosselspulen 24.
— — mit Tastkreis 23ff.
— Verstimmungstasten 23, 34.
Tastung 4, 21.
— bei maschineller Hochfrequenzerzeugung 25ff.
— des Röhrensenders 25.
— mit künstlicher Antenne (Ballastkreis)
25ff.
— Tastdrosselschaltung von M. Osnos 27.
— Vollast-Leerlauftastanordnung mit Tast-
transformator 26.
Telefunken-Hochfrequenzmaschine 11, 19ff.
Telefunken-Röhrensender 9, 10.
Telegrammkosten 2.
Telegraphenrelais von Siemens & Halske
10, 29.
Telegraphierfehler 1.
Telegraphiergeschwindigkeit 1, 45.
Telegraphierzeichen, falsche 1.
Telegraphonschnellschreiber von Poulsen
86ff.
Tintenschreiber von Blakeney und Miller
78.
Tourenkorrektion, automatische von Zen-
neck 32.
Transradio-Telegrammverkehr 3.

Übertragungsleitungen 94, 97.
Übertragungsströme, Periodenzahl der 48.

Verkehrsleitungsstelle 91ff.
Verkehrszeit 3.
— günstigste 2.
Verstärkung der Empfangszeichen 49.
Verstümmelungen 5, 6, 34, 50.
Vervielfachungstransformatoren (Frequenz-
vervielfachung) 14ff., 15, 17.

Weichheit der Zeichen beim Lichtbogensender 8.

Wellenkonstanz 4.
Weltzeituhr von Hirsch (polytopische Uhr) 98 ff.
Wheatstone-Empfänger 71 ff.
Wheatstone-Sender 32 ff.
Wicklungsschema der Alexandersonmaschine 12.
Wörterzahl beim Baudotmehrfach-Typendrucker 90.
— — Johnsen-Rahbeck-Schreiber 83.
— — Lichtschreiber 75.

Wörterzahl beim Schnellmorse 72.
— — Siphon recorder 76.
— — Tintenschreiber 81.
Wortgeschwindigkeit 6, 7.

X-Stopper von Marconi (Empfängererdung im Indifferenzpunkt) 57 ff.

Zusatzschlupfanordnung 32.
Zwischenfrequenzanordnung 51, 53 ff., 72.

Handbuch der drahtlosen Telegraphie und Telephonie

Ein Lehr- u. Nachschlagebuch der drahtlosen Nachrichtenübermittlung

von

Dr. Eugen Nesper

Zwei Bände

Mit 1321 Abbildungen im Text und auf Tafeln. 1921

In Ganzleinen gebunden GZ. 56

Aus den zahlreichen Besprechungen:

. . . . . Wenn man bedenkt, daß N e s p e r als erster in so umfassender Weise den in 25 Jahren erarbeiteten Stoff auf dem Gebiete der drahtlosen Telegraphie zu einem großen Handbuch zusammengetragen hat, so fühlt man eine Verpflichtung des Dankes dafür, daß er sich nicht scheute, diese ungeheure Arbeit zum Nutzen aller Jünger seines Faches zu übernehmen, und man wird sich nicht beklagen, wenn nicht alles restlos geglückt erscheint. Ganz abgesehen von der Frage, wie weit die gesteckten Ziele erreicht sind, muß man anerkennen, daß sich nicht häufig Werke finden, in denen ein Einzelner eine so riesenhafte Fülle von Stoff zusammengebracht und verarbeitet hat. . . . . . Der eigentliche Text wird durch eine Übersicht über die Anwendungsgebiete der drahtlosen Telegraphie in Krieg und Frieden und durch einen sehr interessanten geschichtlichen Überblick eingeleitet. Nach einem noch einführenden Kapitel über die wichtigsten fundamentalen Beobachtungs- und Meßinstrumente folgt dann in einem Hauptabschnitt von 447 Seiten eine Darstellung der physikalischen Grunderscheinungen der drahtlosen Telegraphie. also der Schwingungsvorgänge in geschlossenen und offenen Leitern und der Strahlung. Zwei weitere Kapitel behandeln die Hochfrequenzmessungen. Im zweiten Bande wird eine recht ausführliche Beschreibung der einzelnen Hilfsapparate und Spezialkonstruktionen sowie ihres Zusammenbaues zu vollständigen Stationen gegeben, die dem ferner Stehenden Aufschluß über viele interessante Einzelheiten gibt und auch dem drahtlosen Ingenieur manche Anregung bringen wird. Schließlich ist noch ein nicht allzu ausführliches Kapitel über drahtlose Telephonie hinzugefügt. . . . . . *„Elektrotechnische Zeitschrift."*

. . . . . Als Handbuch betrachtet, hat Dr. N e s p e r ein Werk geschaffen, für das ihn alle Kreise, welche auf dem Gebiete der drahtlosen Nachrichtenübermittlung arbeiten, zu großem Dank verpflichtet sind. In dem Werke steckt eine ungeheure Arbeit, da Dr. N e s p e r die gesamte, gerade auf diesem Gebiete so sehr zerstreute in- und ausländische Literatur einschließlich der Patentvorschriften verarbeitet hat und sowohl eine klare Darlegung aller einschlägigen theoretischen Entwicklungen als eine eingehende und treffende Beschreibung aller ausgeführten Konstruktionen bringt. Wenn der Verfasser hierbei auch solche Ausführungsformen beschreibt, welche zur Zeit keine besondere Bedeutung haben, so kann er hierfür mit Recht anführen, daß Apparate, welche zu Zeiten als überholt gelten, durch Hinzufügen einer scheinbaren Kleinigkeit oder auch einer besseren Werkstattausführung plötzlich wieder erhebliche Bedeutung erlangen können. Hinzu kommt noch, daß spätere Erfinder vielfach wieder die gleichen Wege beschreiten und daß viel Arbeit und Mühe gespart wird, wenn man im „Nesper" nachlesen kann, was für Versuche auf den einzelnen Gebieten schon ausgeführt sind. Man kann vorher sagen, daß der „Nesper" in kurzer Zeit ein unentbehrliches Hand- und Nachschlagebuch aller Kreise sein wird, welche in Theorie oder Praxis auf dem Gebiete der drahtlosen Nachrichtenübermittlung tätig sind.

Die Ausstattung des Werkes ist vorzüglich, und ganz besonders rühmend ist die klare, saubere Ausführung der Abbildungen hervorzuheben, deren das Buch über 1300 zählt und von denen der Verfasser zahlreiche für die besonderen Zwecke seines Buches selbst gezeichnet hat. Die Brauchbarkeit des Werkes wird noch erhöht durch ein ausführliches Inhaltsverzeichnis und durch ein nach den einzelnen Sondergebieten geordnetes Literaturverzeichnis. . . . . . *„Helios."*

. . . . . Der außerordentlich umfangreiche Stoff ist in erschöpfender Weise behandelt. Das Werk entspricht in einwandfreiester Weise und wie kein anderes bis jetzt erschienenes Buch allen Bedürfnissen und Wünschen des wissenschaftlich oder praktisch tätigen Ingenieurs sowie des Belehrung Suchenden. Das 520 Seiten starke Werk mit überaus reichem Figuren-, Tabellenmaterial, in erster Linie aber die langjährige wissenschaftliche und praktische Tätigkeit und die Persönlichkeit des Verfassers bürgen allein für die Gediegenheit der Behandlung des Stoffes. Ganz besonders muß aber die über allen Zweifel erhabene Sachlichkeit der Stoffbehandlung hervorgehoben werden, wie sie in keinem anderen Werk so sorgfältig und gründlich gewahrt ist.

Zusammenfassend sei hervorgehoben: Unerreicht in der praktischen Gliederung, einzig klar und bündig in der Darstellung, in sorgfältigster Weise die Sachlichkeit gewahrt und den heute geltenden modernsten Anschauungen in vollster Weise Rechnung tragend, ist es das unentbehrlichste Nachschlage- und Informationsbuch aller, die sich in ernster Weise mit drahtloser Telegraphie beschäftigen.

„Elektrotechnik und Maschinenbau."

Radiotelegraphisches Praktikum. Von Dr.-Ing. H. Rein. Dritte,
umgearbeitete und vermehrte Auflage von Dr. K. Wirtz, o. Professor der Elektrotechnik an der Technischen Hochschule zu Darmstadt. Mit 432 Textabbildungen und 7 Tafeln. Unveränderter Neudruck. 1922.

Lehrbuch der drahtlosen Telegraphie. Von Dr.-Ing. Hans Rein.
Nach dem Tode des Verfassers herausgegeben von Geheimrat Prof. Dr. K. Wirtz, Darmstadt. Zweite Auflage. In Vorbereitung

Die Telegraphentechnik. Ein Leitfaden für Post- und Telegraphenbeamte.
Von Geh. Oberpostrat Prof. Dr. K. Strecker, Berlin. Siebente, neubearbeitete Auflage. In Vorbereitung

Experimentelle Untersuchungen aus dem Grenzgebiet zwischen drahtloser Telegraphie und Luftelektrizität.
Von Privatdozent Dr. M. Dieckmann. Erster Teil: Die Empfangsstörung. (Luftfahrt und Wissenschaft. Heft 2.) Mit 56 Abbildungen. 1912. GZ. 3

Hochfrequenzmeßtechnik. Ihre wissenschaftlichen und praktischen Grund-
lagen. Von Dr.-Ing. August Hund, beratender Ingenieur. Mit 150 Textabbildungen. 1922. Gebunden GZ. 8,4

Die Nebenstellentechnik. Von Hans B. Willers, Oberingenieur und Pro-
kurist der Aktien-Gesellschaft Mix & Genest, Berlin-Schöneberg. Mit 137 Textabbildungen. 1920. Gebunden GZ. 6

Telephon- und Signal-Anlagen. Ein praktischer Leitfaden für die Errich-
tung elektrischer Fernmelde-(Schwachstrom-)Anlagen. Herausgegeben von Carl Beckmann, Oberingenieur der Aktien-Gesellschaft Mix & Genest, Telephon- und Telegraphenwerke, Berlin-Schöneberg. Bearbeitet nach den Leitsätzen für die Errichtung elektrischer Fernmelde-(Schwachstrom-)Anlagen der Kommission des Verbandes deutscher Elektrotechniker und des Verbandes elektrotechnischer Installationsfirmen in Deutschland. Dritte, verbesserte Auflage. Mit 418 Abbildungen und Schaltungen und einer Zusammenstellung der gesetzlichen Bestimmungen für Fernmeldeanlagen. Erscheint Ende 1922

40 Jahre Fernsprecher. Stephan—Siemens—Rathenau. Von Geh. Ober-
postrat O. Große. Mit 16 Textabbildungen. 1917. GZ. 3

Arnold - la Cour, Die Gleichstrommaschine. Ihre Theorie,
Untersuchung, Konstruktion, Berechnung und Arbeitsweise.
I. Band: **Theorie und Untersuchung.** Von **J. L. la Cour.** Dritte, vollständig umgearbeitete Auflage. Mit 570 Textfiguren. Unveränderter Neudruck. 1921. Gebunden GZ. 18
II. Band: **Konstruktion, Berechnung und Arbeitsweise.** Dritte Auflage.
In Vorbereitung

Ankerwicklungen für Gleich- und Wechselstrommaschinen. Ein Lehrbuch. Von **Rudolf Richter,** Professor an der Technischen Hochschule Fridericiana zu Karlsruhe. Mit 377 Textabbildungen. Berichtigter Neudruck. Erscheint Ende November 1922

Die Berechnung von Gleich- und Wechselstromsystemen. Neue Gesetze über ihre Leistungsaufnahme. Von Dr.-Ing. **Fr. Natalis.** Mit 19 Textfiguren. 1920. GZ. 1

Die symbolische Methode zur Lösung von Wechselstromaufgaben. Einführung in den praktischen Gebrauch. Von **Hugo Ring,** Ingenieur der Firma Blohm & Voß, Hamburg. Mit 33 Textfiguren. 1921.
GZ. 2,3

Theorie der Wechselströme. Von Dr.-Ing. **Alfred Fraenckel.** Zweite, erweiterte und verbesserte Auflage. Mit 237 Textfiguren. 1921. Gebunden GZ. 11

Die asynchronen Wechselfeldmotoren. Kommutator- und Induktionsmotoren. Von Prof. **Dr. Gustav Benischke.** Mit 89 Abbildungen im Text. 1920. GZ. 3,5

Elektrotechnische Meßkunde. Von Dr.-Ing. **P. B. Arthur Linker.** Dritte, völlig umgearbeitete und erweiterte Auflage. Mit 408 Textfiguren. Unveränderter Neudruck. 1922. Gebunden GZ. 12

Elektrotechnische Meßinstrumente. Ein Leitfaden. Von **Konrad Gruhn,** Oberingenieur und Gewerbestudienrat. Zweite, verbesserte Auflage. Mit etwa 340 Textabbildungen. Erscheint Anfang 1923